山东省中等职业教育课程改革教材

加工制造类

电工技术基础与技能习题册

李 涛 主编

山东科学技术出版社
·济南·

图书在版编目（CIP）数据

电工技术基础与技能习题册/李涛主编.—济南：山东科学技术出版社，2019.9（2024.8 重印）
ISBN 978-7-5331-9937-1

Ⅰ.①电… Ⅱ.①李… Ⅲ.①电工技术—中等专业学校—习题集 Ⅳ.①TM-44

中国版本图书馆 CIP 数据核字(2019)第195201号

电工技术基础与技能习题册
DIANGONG JISHU JICHU YU JINENG XITICE

责任编辑：赵　旭　梁天宏
装帧设计：孙　佳

主管单位：	山东出版传媒股份有限公司
出 版 者：	山东科学技术出版社
	地址：济南市市中区舜耕路 517 号
	邮编：250003　电话：（0531）82098088
	网址：www.lkj.com.cn
	电子邮件：sdkj@sdcbcm.com
发 行 者：	山东科学技术出版社
	地址：济南市市中区舜耕路 517 号
	邮编：250003　电话：（0531）82098067
印 刷 者：	日照梓名印务有限公司
	地址：山东省日照市莒县城区潍徐南路西侧
	邮编：276500　电话：（0633）6826211

规格：16 开（184mm×260mm）
印张：6　字数：138 千
版次：2019 年 9 月第 1 版　印次：2024 年 8 月第 2 次印刷
定价：16.00 元

目　录

项目一　认识电工实训室 1

项目二　认识电路 3
　　任务一　认识最简单的电路 3
　　任务二　认识电路中常用物理量 4
　　任务三　认识电阻 8

项目三　分析简单直流电路 11
　　任务一　探究部分电路欧姆定律 11
　　任务二　研究全电路欧姆定律 11
　　任务三　分析电阻的串联电路 13
　　任务四　分析电阻的并联电路 15
　　任务五　分析电阻的混联电路 17

项目四　分析复杂直流电路 20
　　任务一　探究基尔霍夫电流定律 20
　　任务二　探究基尔霍夫电压定律 22
　　任务三　掌握支路电流法 24
　　任务四　理解戴维南定理 26
　　任务五　了解叠加定理 29

项目五　认识电容器 31
　　任务一　认识电容器结构 31
　　任务二　探究电容器的充电和放电 33
　　任务三　会电容器的识别和检测 34
　　任务四　分析电容器的连接 35

项目六　认识磁场和电磁感应 39
　　任务一　认识磁场 39

任务二　认识电磁感应现象 …………………………………………………… 43
　　任务三　认识自感现象及电感器 ………………………………………………… 48
　　任务四　认识互感现象及变压器 ………………………………………………… 50

项目七　认识单相正弦交流电 …………………………………………………… 53
　　任务一　认识正弦交流电 ………………………………………………………… 53
　　任务二　认识正弦交流电的三要素 ……………………………………………… 54
　　任务三　会正弦交流电的表示方法 ……………………………………………… 58

项目八　分析单相正弦交流电路 ………………………………………………… 61
　　任务一　分析单一元件正弦交流电路 …………………………………………… 61
　　任务二　分析串联正弦交流电路 ………………………………………………… 68
　　任务三　认识常用的电光源及荧光灯的安装 …………………………………… 76
　　任务四　安装照明电路配电板 …………………………………………………… 77

项目九　分析三相正弦交流电路 ………………………………………………… 80
　　任务一　认识三相正弦交流电源 ………………………………………………… 80
　　任务二　分析三相负载的连接 …………………………………………………… 82
　　任务三　分析三相交流电路的功率 ……………………………………………… 89
　　任务四　了解安全用电的基础知识 ……………………………………………… 91

项目一　认识电工实训室

一、填空题

1. 电源一般包括直流电源和交流电源两大类。直流电用字母_____或符号_____表示,交流电用字母_____或符号_____表示。
2. 电流表是用来测量电路中某支路_____的仪表,测量时应_____电路中,其在电路中的图形符号为_____。钳形电流表也可以测量电流,它的优点是_____,将被测载流导线放在钳口中央,即可测出导线中的电流值。
3. 电压表是用来测量电路中某两点之间_____的仪表,测量时应_____电路中,其在电路中的图形符号为_____。
4. 万用表是一种多功能的电工仪表,有_____式和_____式两种,可以用来测量_____、_____、_____和_____等。
5. 兆欧表又称_____,主要用来测量_____。
6. 电能表又叫作_____,是用来测量在一段时间内_____,早期的电能表是_____,近年来_____电能表已经得到广泛应用。
7. 试电笔是用来检查、测量低压导体和电气设备外壳_____的一种常用电工工具,测量电压范围在_____之间,使用时一定要用手触及试电笔尾端的_____部分。用试电笔测试插座,当电笔发光时,说明该插孔接的是_____。
8. 用螺丝刀紧固或拆卸带电螺钉时,手不能触及螺丝刀的_____。
9. 剥线钳可用来剥削横截面积小于_____的小直径导线线头的绝缘层。
10. 电工刀可用来_____和_____等,有的电工刀还带有手锯和尖锥,用于电工器材的_____和_____。
11. 使用电工刀时刀口应朝_____操作,剖削时电工刀应以_____角倾斜切入绝缘层,然后刀面与导线保持_____角向线端推削。
12. 实训室实行"6S"管理规定,"6S"是指_____、_____、_____、_____、_____、_____。

二、单选题

1. 某仪表面板上标有"V"字样,这个仪表是(　　)
   A. 直流电流表　　　B. 直流电压表　　　C. 交流电流表　　　D. 交流电压表
2. 用 MF47 型万用表测量电阻读数时,应读取(　　)
   A. 第一条刻度线　　B. 第二条刻度线　　C. 第三条刻度线　　D. 第四条刻度线
3. 下列常用电工工具中不具有绝缘手柄的是(　　)
   A. 尖嘴钳　　　　　B. 螺丝刀　　　　　C. 剥线钳　　　　　D. 电工刀
4. 用来剥削截面积在 6 mm² 以下的橡胶导线的绝缘层的工具是(　　)
   A. 剥线钳　　　　　B. 尖嘴钳　　　　　C. 钢丝钳　　　　　D. 斜口钳
5. 关于电工工具的使用,下列说法不正确的是(　　)
   A. 试电笔检测的电压范围在 60～500 V 之间
   B. 尖嘴钳、剥线钳、电工刀的手柄上均套有额定工作电压 500 V 的绝缘套管

C. 剥线钳用于剥除线芯截面为 6 mm² 以下塑料或橡胶绝缘导线的绝缘层

D. 尖嘴钳主要用来夹捏较小的零部件以及给单股导线接头弯圈

6. 关于指针式万用表说法正确的是（　　）

A. 红表笔接内部电源正极，黑表笔接内部电源负极

B. 红表笔接内部电源负极，黑表笔接内部电源正极

C. 红表笔插面板"－"插孔，黑表笔插面板"＋"插孔

D. 红、黑表笔可接面板任意插孔

7. 用电工刀剖削绝缘层时，刀锋应以（　　）角度切入导线。

A. 15°　　　　　　B. 25°　　　　　　C. 45°　　　　　　D. 60°

三、简答题

1. 试电笔为什么能判断出电路是否带电？

2. 简述电工实训室的规章制度。

项目二 认识电路

任务一 认识最简单的电路

一、填空题

1. _____称为电路,一般电路由_____、_____、_____和_____组成。
2. 电路通常有_____、_____和_____三种状态。

二、单选题

1. 在电路的基本组成中,用于将电能转换为其他形式能的是(　　)
   A. 电源　　　　　B. 负载　　　　　C. 导线　　　　　D. 开关
2. 下列设备一定是电源的是(　　)
   A. 蓄电池　　　　B. 电视机　　　　C. 发电机　　　　D. 节能灯
3. 电路中电流为零的状态是(　　)
   A. 断路　　　　　B. 闭路　　　　　C. 短路　　　　　D. 通路

三、简答作图题

1. 电路主要由哪几部分组成？各部分的主要功能是什么？

2. 请根据手电筒结构的剖面图画出电路图。

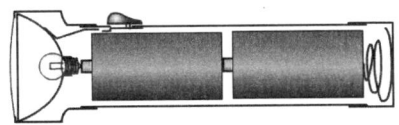

3. 画出下表中常用器件的图形符号。

名称	实物图	图形符号	名称	实物图	图形符号
电阻(R)			电池(E)		
电位器(RP)			电流表(A)		
电灯(HL)			电压表(V)		
熔断器(FU)			开关(S)		
电感(L)			电容(C)		

任务二 认识电路中常用物理量

1 认识电流

一、填空题

1. 电荷有规则的_____形成电流;习惯上规定_____电荷定向移动的方向为电流方向;在金属导体中,电流的方向与电子定向移动的方向_____。
2. 电流分为_____和_____两大类;凡_____的电流称为_____,简称_____;凡_____的电流称为_____,简称_____。
3. 若 3 min 通过导体横截面的电荷量是 1.8 C,则导体中的电流是_____A。
4. 1.8 mA =_____A =_____μA。
5. 测量电流时,应将电流表_____接在电路中;测量直流电流时,应使被测电流从电流表的_____接线柱流进,从_____接线柱流出。

二、单选题

1. 电流的形成是指( )
   A. 电荷的自由移动 B. 正电荷的定向移动
   C. 负电荷的定向移动 D. 电荷的定向移动
2. 通过一个电阻的电流是 5 A,经过 4 min 通过该电阻截面的电荷量是( )
   A. 20 C   B. 50 C   C. 1 200 C   D. 2 000 C
3. 某电路的计算结果为:$I_1 = 2$ A,$I_2 = -3$ A。正确的说法为( )
   A. 电流 I_1 与 I_2 方向相反 B. 电流 I_1 大于电流 I_2
   C. 电流 I_2 大于电流 I_1 D. I_2 的实际方向与参考方向相同

三、判断题

判断下图各电流是交流还是直流。

(a)

(b)

(c)

(d)

2 认识电压、电位和电动势

一、填空题

1. 电压是衡量_____做功能力的物理量,电动势表示电源_____能力。
2. 若 $V_A = 5$ V,$V_B = 3$ V,则 $U_{AB} =$ _____,$U_{BA} =$ _____。
3. 参考点的电位为_____,高于参考点的电位取_____值,低于参考点电位取_____值。
4. 规定电压的方向是由_____电位指向_____电位,电源电动势的方向是由_____极通过电源内部指向_____极,即由_____电位指向_____电位。
5. 电路中 A、B 两点,已知 $U_{AB} = -30$ V,$V_A = 50$ V,则 $V_B =$ _____,_____点电位高。

二、单选题

1. 关于电位和电压,下列说法正确的是(　　)
   A. 电压和电位都与参考点选择有关　　　B. 电位与参考点选择无关
   C. 电压与参考点选择有关　　　　　　　D. 电压和电位的单位相同
2. 电路中两点间的电压高,则(　　)
   A. 两点的电位都高　　　　　　　　　　B. 两点的电位一定为正
   C. 两点间的电位差大　　　　　　　　　D. 两点的电位一定为负
3. 如果将电路中电位为 1 V 的点作为新的参考点,则其余各点的电位将(　　)
   A. 都升高　　　B. 都降低　　　C. 都不变　　　D. 有升有降
4. 如图 2-1 所示,以 C 点为参考点时,A 点的电位为 -4 V,当以 B 点为参考点时,A 点的电位 V_A 为(　　)
   A. 13 V　　　　B. 5 V　　　　C. -4 V　　　　D. 9 V
5. 如图 2-2 所示,若已知 $I = 0.5$ A,$R = 10$ Ω,$E = 12$ V,则 a 点的电位 V_a 为(　　)
   A. 7 V　　　　B. 17 V　　　　C. -7 V　　　　D. -17 V
6. 如图 2-3 所示,A 点的电位 V_A 为(　　)
   A. -10 V　　　B. -6 V　　　C. -4 V　　　D. 0 V

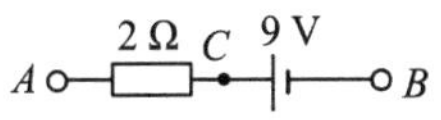

图 2-1 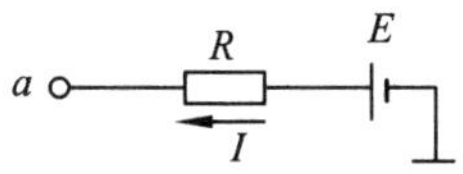　　　图 2-2 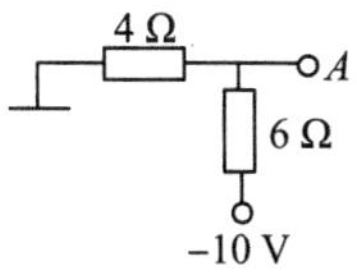　　　图 2-3

7. 电动势和电压的相同之处是(　　)
   A. 物理意义相同　　B. 方向一致　　C. 存在场合一致　　D. 单位相同
8. 某手机电池上标有"3.7 V",此数值指的是(　　)
   A. 电压　　　　B. 电动势　　　　C. 电位　　　　D. 电流
9. 电源电动势的大小(　　)
   A. 与电源的内电阻有关　　　　　　　　B. 与外电路负载电阻有关
   C. 只与电源本身的性质有关　　　　　　D. 与端电压有关

三、计算题

1. 如图2-4所示,(1)求 a、b 两点的电位及 a、b 两点间的电压;(2)改选 b 为参考点,再求 a、b 两点的电位及 a、b 两点间的电压。

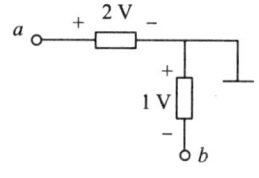

图 2-4

2. 如图2-5所示,已知:$E_1=45$ V,$E_2=12$ V,$R_1=5$ Ω,$R_2=4$ Ω,$R_3=2$ Ω,电源内阻不计。试求 A、B、C、D、E 各点的电位及电压 U_{CE}。

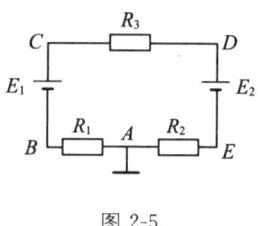

图 2-5

3 认识电能和电功率

一、填空题

1. 电流所做的功称为_____,也称_____,用字母_____表示。在国际单位制中,电能的单位是_____和_____,它们之间的换算关系为_____ _____。

2. 电流在单位时间内所做的功,称为_____,用字母_____表示,单位是_____。

3. 负载消耗的电能可用_____进行测量,其接线规则为:_____。

4. 一只100 W的电灯正常工作10 h,电流做的功为_____J,消耗_____度的电能。

5. 在4 s内供给6 Ω电阻的电能为2 400 J,则该电阻两端的电压为_____。

6. 有一盏"220 V,40 W"的白炽灯,接在220 V的电源上,如果每天使用6 h,则灯泡一个月(30天)消耗的电能为_____kW·h,若每度电的电费为0.55元,则每月应支付电费_____元。

7. 额定值为"220 V,100 W"的白炽灯,其额定电流为_____A,灯丝电阻为_____Ω。如果把它接在110 V的电源上,它实际消耗的功率为_____。

8. 规格为"1 kΩ,0.4 W"的电阻,使用时允许加的最大电压为_____V,允许流过的最大电流为_____A。

二、单选题

1. 以下不是电能单位的是(　　)
   A. 焦耳　　　　　B. 瓦特　　　　　C. 度　　　　　D. 千瓦·时

2. 一度电可供"220 V,40 W"的灯泡正常发光的时间是(　　)
   A. 25 h　　　　　B. 20 h　　　　　C. 45 h　　　　　D. 50 h

3. "12 V,60 W"的灯泡,接在6 V的电路中,通过灯丝的实际电流是(　　)
   A. 12 A　　　　　B. 1 A　　　　　C. 0.5 A　　　　　D. 2.5 A

4. 四只纯电阻用电器的额定电压和功率分别列于下面,电阻最大的是(　　)
   A. "220 V,40 W"　　　　　　　　B. "220 V,100 W"
   C. "36 V,100 W"　　　　　　　　D. "110 V,100 W"

5. 从商店买来的小灯泡,把它接到电源上,发现只是灯丝被烧红,但不能正常发光,产生这种现象的原因是(　　)
   A. 电路没有接通　　　　　　　　B. 小灯泡是坏的
   C. 小灯泡的额定功率本来就很小　　D. 电源电压小于小灯泡的额定电压

6. 为了使电吹风中电热丝的发热功率减小到原来的一半,则应(　　)
   A. 使电压减半　　　　　　　　　B. 使电流减半
   C. 使电阻加倍　　　　　　　　　D. 使电阻减半

7. 下列叙述正确的是(　　)
   A. 流过电阻的电流越大则表明电阻的阻值越小
   B. 功率越大的电器消耗的电能越多
   C. 加在电阻上的电压增大到原来的2倍,它所消耗的功率增大到原来的4倍
   D. 电路中任何地方必定是电压和电流同时存在

三、判断题

1. 负载在额定功率下的工作状态叫满载。　　　　　　　　　　　　　(　　)
2. 功率越大的电器电流做的功越大。　　　　　　　　　　　　　　　(　　)
3. 把"220 V,25 W"的灯泡接在"220 V,1 000 W"的发电机上时,灯泡会烧坏。(　　)
4. 通过电阻上的电流增大到原来的2倍时,它所消耗的功率也增大到原来的2倍。(　　)
5. 两个额定电压相同的电炉,$R_1 > R_2$,因为$P = I^2R$,所以电阻大的功率大。(　　)
6. 功率大的用电器一定比功率小的用电器消耗的电能多。　　　　　　(　　)
7. 根据$P = UI$,当加在电阻R上的电压减小一半时,功率也对应减小一半。(　　)

四、计算题

1. 一只电灯接在220 V的家庭电路中,灯泡中通过的电流是400 mA,通电1 h电流所做的功是多少焦?合多少度?

2. 一只 100 W 电灯,每天工作 5 h,若当地电价是 0.55 元/kW·h。求每月(30 天)应付多少电费?

3. 一只灯泡标有"220 V,60 W"的字样,其意义是什么?正常发光时通过灯丝的电流是多大?若把它接在 200 V 电路中使用,灯泡的实际功率是多少?

4. 一只"100 Ω,4 W"的电阻,额定电压为多少?额定电流为多少?

任务三 认识电阻

一、填空题

1. 导体对电流的_____作用称为电阻。电阻的国际单位是_____,常用单位有_____和_____。
2. 一段导体的电阻与导体的长度成_____比,与导体的横截面积成_____比,还与材料性质有关,并且还与_____有关。
3. 电阻率的大小反映了物质的_____能力,电阻率小说明物质导电能力_____,电阻率大说明物质导电能力_____。
4. 18 000 Ω = _____ kΩ = _____ MΩ;0.05 MΩ = _____ Ω;5.1 kΩ = _____ Ω。
5. 某电阻的色环颜色分别是红、紫、橙、金,则电阻的阻值是_____,其允许误差是_____。

二、单选题

1. 两根同种材料的电阻丝,长度比 $L_1:L_2=1:5$,横截面积比 $S_1:S_2=2:3$,则它们的电阻比 $R_1:R_2$ 是(　　)
   A. 2:15　　　　　B. 5:10　　　　　C. 3:10　　　　　D. 10:5
2. 一段导线的电阻为 R,若将其从中间对折合并为一条新导线,其阻值为(　　)
   A. $R/2$　　　　　B. $R/4$　　　　　C. $R/8$　　　　　D. R
3. 有一段 10 Ω 的导线,将它均匀拉长为原来的 2 倍,则其阻值为(　　)
   A. 10 Ω　　　　　B. 40 Ω　　　　　C. 80 Ω　　　　　D. 160 Ω
4. 一根均匀的电阻丝接在 220 V 的电压上,功率为 100 W,现将电阻丝分成等长的两部分,将其中的一段接在 110 V 的电压上,其消耗的功率为(　　)
   A. 25 W　　　　　B. 50 W　　　　　C. 100 W　　　　　D. 200 W

5. 下列说法正确的是( )
   A. 电阻大的导体电阻率一定大
   B. 铜导线的电阻一定比铝导线的电阻小
   C. "220 V,40 W"灯泡的灯丝比"220 V,100 W"灯泡的灯丝细
   D. 导体的长度和截面积都增大一倍,其电阻值也增大一倍

6. 有一色环电阻,各色环的颜色为黄、黑、红、金,则该电阻为( )
   A. 402 Ω±5%　　　　B. 5 kΩ±5%　　　　C. 4 kΩ±5%　　　　D. 400 Ω±10%

7. 某色环电阻共有四位色环,已知该电阻为 390 Ω±5%,则对应的色环颜色为( )
   A. 橙、白、黑、金　　　　　　　　　B. 橙、白、棕、金
   C. 橙、白、金、金　　　　　　　　　D. 橙、白、黑、银

8. 某电阻的阻值为 4.5 kΩ,用色环标注其阻值,则相距较近的三道色环的颜色为( )
   A. 第一道为黄色,第二道为红色,第三道为橙色
   B. 第一道为绿色,第二道为黄色,第三道为绿色
   C. 第一道为黄色,第二道为绿色,第三道为红色
   D. 第一道为黄色,第二道为绿色,第三道为橙色

9. 用万用表测量电阻时,说法正确的为( )
   A. 每更换一次挡位都要重新进行欧姆调零
   B. 测量完毕后应将转换开关置于最高欧姆挡
   C. 欧姆标尺的刻度是均匀的
   D. 选用 $R \times 100\ \Omega$ 挡,指针满偏时表示被测电阻为 100 Ω

10. 使用万用表测电阻,选量程时,应尽量使指针指示在标尺满刻度的( )
    A. 前 $\frac{1}{3}$ 段　　　　　　　　　　　B. 中间 $\frac{1}{3}$ 段
    C. 后 $\frac{1}{3}$ 段　　　　　　　　　　　D. 任意位置

11. 下列说法错误的是( )
    A. 万用表欧姆挡无法调节到零点时,则应更换电池
    B. 必须在电路带电时测电阻才准确
    C. 测电阻时,万用表转换开关应置于欧姆挡
    D. 万用表使用完毕后,转换开关应置于交流电压最高挡或"OFF"挡

12. 用万用表测量 5.1 kΩ 的电阻时,转换开关应置于( )
    A. $R \times 1\ \Omega$ 挡　　　　　　　　　　B. $R \times 10\ \Omega$ 挡
    C. $R \times 1\ k\Omega$ 挡　　　　　　　　　D. $R \times 10 k\Omega$ 挡

三、简答题

如图 2-6(a)所示色环电阻。
(1) 请根据色环读出电阻的数值(不考虑误差);
(2) 如果用万用表欧姆挡($R \times 1$、$R \times 10$、$R \times 100$、$R \times 1$ K、$R \times 10$ K)测量该电阻,请选择合适的量程;
(3) 根据图 2-6(b)所示的万用表指针及所选量程,读出被测电阻的实际数值;
(4) 若将该表的转换开关置于 25 mA 挡测电流,表盘示数仍如图 2-6(b)所示,则被测电

流为多少毫安?

(5)若用交流 500 V 挡测量电压,指针仍指在图 2-6(b)所示位置,则读数为多少?

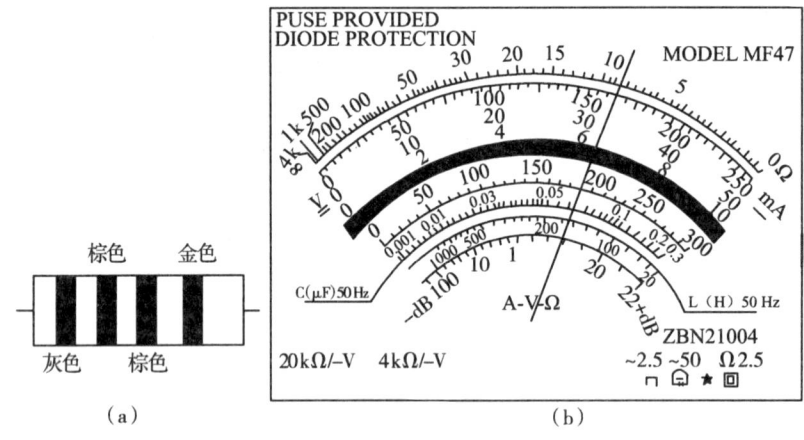

图 2-6

四、计算题

一根铜导线长 $L=2\,000$ m,截面积 $S=2$ mm^2,导线的电阻是多少?(铜的电阻率 $\rho=1.75\times10^{-8}\,\Omega\cdot$m)。若将它截成等长的两段,每段的电阻是多少?若将它均匀拉长为原来的 2 倍,电阻又将是多少?

项目三　分析简单直流电路

任务一　探究部分电路欧姆定律

一、填空题
1. 导体中的电流与这段导体两端的_____成正比,与导体的_____成反比。
2. 已知电炉丝的电阻是 44 Ω,通过的电流是 5 A,则电炉所加的电压是_____V。
3. 某导体两端的电压为 3 V,通过导体的电流为 0.5 A,导体的电阻为_____,当电压改变为 6 V 时,电阻为_____。
4. 两个电阻的伏安特性如图 3-1 所示,则 R_a 比 R_b_____(大、小),$R_a=$_____,$R_b=$_____。

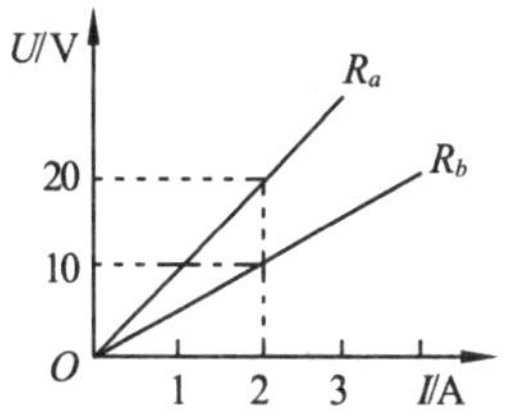

图 3-1

二、单选题
1. 如图 3-2 所示为两只电阻的伏安特性曲线,由图可知(　　)
   A. $R_1 > R_2$　　　　　　　　　　B. $R_1 < R_2$
   C. $R_1 = R_2$　　　　　　　　　　D. $R_1 \geqslant R_2$
2. 某导体两端的电压为 10 V,通过的电流为 0.5 A;当电压变为 20 V 时,导体的电阻为(　　)
   A. 10 Ω　　　　　　　　　　　　B. 20 Ω
   C. 30 Ω　　　　　　　　　　　　D. 40 Ω

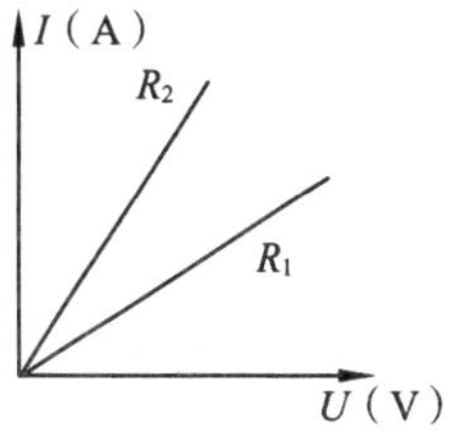

图 3-2

三、计算题
一只灯泡接在 220 V 的直流电源上,灯泡的电阻为 484 Ω,求通过灯泡的电流。

任务二　研究全电路欧姆定律

一、填空题
1. 在全电路中,电流与_____成正比,与电路的_____成反比,这就是全电路欧姆定律。用公式表示为_____。
2. 电源电动势 $E=4.5$ V,内阻 $R_0=0.5$ Ω,负载电阻 $R=4$ Ω,则电路中的电流 $I=$_____A,端电压 $U=$_____V。
3. 有一包括电源和外电阻组成的简单闭合电路,当外电阻加倍时,通过的电流为原来的 $\frac{3}{5}$,则外电阻与电源内阻之比为_____。

二、单选题

1. 用电压表测得电路端电压为0,这说明（　　）
   A. 外电路断路　　　　　　　　　　B. 外电路短路
   C. 外电路上电流比较小　　　　　　D. 电源内电阻为0

2. 电源电动势是2 V,内电阻是0.1 Ω,当外电路断路时,电路中的电流和端电压分别是（　　）
   A. 0、2 V　　　　B. 20 A、2 V　　　　C. 20 A、0　　　　D. 0、0

3. 在上题中,当外电路短路时,电路中的电流和端电压分别是（　　）
   A. 20 A、2 V　　　B. 20 A、0　　　　C. 0、2 V　　　　D. 0、0

4. 一直流电源,开路时测得其端电压为6 V,短路时测得其短路电流为30 A,则该电源的电动势及内电阻分别为（　　）
   A. 6 V、6 Ω　　　B. 6 V、30 Ω　　　C. 6 V、0.2 Ω　　　D. 180 V、0.2 Ω

5. 某一电路中,当负载电阻增大到原来的2倍时,电流变为原来的0.6倍,则该电路原来内外电阻之比为（　　）
   A. 3∶5　　　　　B. 1∶2　　　　　C. 5∶3　　　　　D. 2∶1

三、计算题

1. 某电源的电动势为1.5 V,内电阻为0.12 Ω,外电路的电阻为1.38 Ω,求电路中的电流和电源的端电压。

2. 如图3-3所示电路,已知：$E=10$ V,内电阻$R_0=0.5$ Ω,$R=9.5$。求：开关S分别在1、2、3位置时,电流表和电压表的示数各为多少?

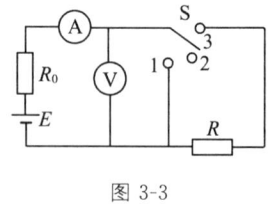

图 3-3

3. 如图3-4所示电路,已知：$R=9$ Ω,当开关S断开时,电压表的示数为2 V,闭合开关时,电压表的示数为1.8 V。求电源电动势和内阻。

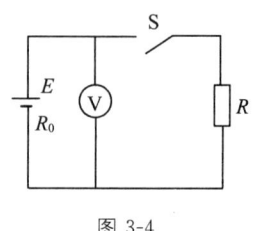

图 3-4

4. 如图 3-5 所示,当单刀双掷开关 S 合到位置 1 时,外电路的电阻 $R_1=14$ Ω,测得电流表示数 $I_1=0.2$ A;当开关 S 合到位置 2 时,外电路的电阻 $R_2=9$ Ω,测得电流表示数 $I_2=0.3$ A。求:电源的电动势 E 及其内阻 R_0。

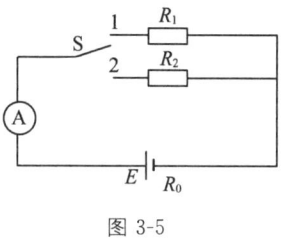

图 3-5

任务三　分析电阻的串联电路

一、填空题

1. 电阻串联电路的特点:
   (1)_____相等。
   (2)总电压等于_____。
   (3)总电阻等于_____。
   (4)各电阻两端的电压与它的阻值成_____。
2. 两个电阻 R_1 和 R_2,已知 $R_1:R_2=1:2$,若它们在电路中串联,则两电阻上的电压比 $U_1:U_2=$_____,两电阻上的电流比 $I_1:I_2=$_____,它们消耗的功率比 $P_1:P_2=$_____。
3. 已知 $R_1=2R_2$,如果将其串联,则通过电阻 R_1 与 R_2 中的电流之比是_____,电阻 R_1 与 R_2 两端电压之比是_____。
4. 如图 3-6 所示,$R_2=R_4$,$U_{AD}=120$ V,$U_{CE}=80$ V,则 A、B 间电压 $U_{AB}=$_____V。

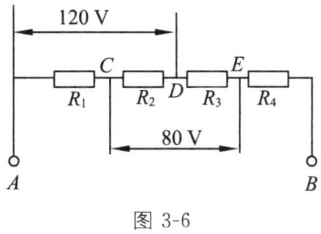

图 3-6

二、单选题

1. 有两电阻 R_1 和 R_2,且 $R_1:R_2=3:10$,它们在电路中是串联,则电阻上的电压比为(　　)
   A. 3:10　　　B. 10:3　　　C. 3:13　　　D. 13:3
2. 如图 3-7 所示,当电路中的 R_1 增大时,A、B 两点间的电压将(　　)
   A. 不变　　　B. 增大
   C. 减小　　　D. 无法确定

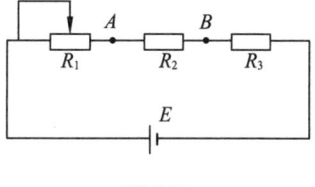

图 3-7

3. 如图 3-8 所示,开关 S 闭合与打开时,电阻 R 上电流之比为 3∶1,则 R 的阻值为( )
   A. 60 Ω   B. 80 Ω
   C. 120 Ω   D. 70 Ω

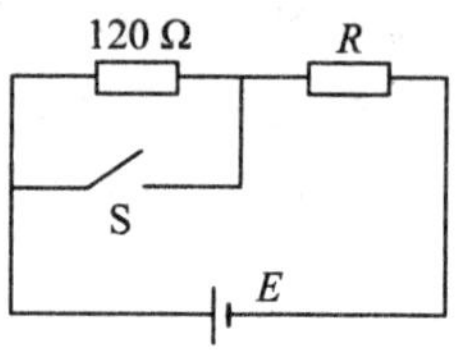

4. 灯 A 的额定电压为 220 V,功率为 40 W;灯 B 的额定电压为 220 V,功率是 100 W。若把它们串联接到 220 V 电源上,则( )
   A. 灯 A 较亮   B. 灯 B 较亮   C. 两灯一样亮   D. 灯 A 将烧坏

5. 标明 100 Ω/4 W 和 100 Ω/25 W 的两个电阻串联时,允许加的最大电压为( )
   A. 20 V   B. 40 V   C. 50 V   D. 70 V

6. "6 V,12 W"的灯泡接入 12 V 的电路中,为使灯泡正常工作,应串联的分压电阻值为( )
   A. 2 Ω   B. 3 Ω   C. 4 Ω   D. 6 Ω

7. 给内阻为 9 kΩ、量程为 1 V 的电压表串联电阻后,量程扩大为 10 V,则串联电阻为( )
   A. 1 kΩ   B. 90 kΩ   C. 81 kΩ   D. 99 kΩ

图 3-8

三、计算题

1. 三只电阻 $R_1=300\ \Omega$,$R_2=200\ \Omega$,$R_3=100\ \Omega$,串联后接到 $U=6$ V 的电源上。求:(1)电路中的电流;(2)各电阻上的电压;(3)各电阻消耗的功率。

2. 如图 3-9 所示,$R_1=100\ \Omega$,$R_2=200\ \Omega$,$R_3=300\ \Omega$,输入电压 $U_i=12$ V,试求输出电压 U_o 的变化范围。

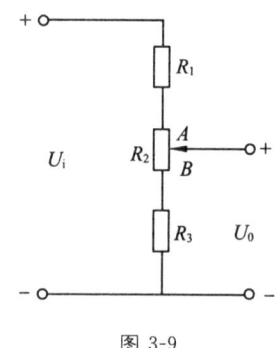

图 3-9

3. 设计分压电路,将一个内阻 $R_g=1\ 000\ \Omega$,满偏电流 $I_g=1$ mA 的电流表,改装成量程为 3 V 的电压表。

任务四　分析电阻的并联电路

一、填空题

1. 两电阻 $R_1 = 40\ \Omega, R_2 = 60\ \Omega$，则串联后的总电阻为_____$\Omega$，并联后的总电阻为_____$\Omega$。
2. 两电阻串联后的总电阻为 $100\ \Omega$，并联后的总电阻为 $16\ \Omega$，则这两个电阻分别为_____Ω 和_____Ω。
3. 两个电阻 R_1 和 R_2，已知 $R_1 : R_2 = 1 : 2$。若它们在电路中并联，则两电阻上的电压比 $U_1 : U_2 =$ _____，两电阻上的电流比 $I_1 : I_2 =$ _____，它们消耗的功率比 $P_1 : P_2 =$ _____。
4. 如图 3-10 所示电路，$R_1 = R_2 = R_3 = 6\ \Omega$，则整个电路的等效电阻为_____$\Omega$。
5. 如图 3-11 所示电路中，$I = 3\ A, R_1 = 3\ \Omega, R_2 = 6\ \Omega$，则 $I_1 =$ _____A，$I_2 =$ _____A。
6. 如图 3-12 所示电路中，电阻 $R =$ _____Ω。
7. 如图 3-13 所示电路，电阻 $R_1 : R_2 : R_3 = 1 : 2 : 3$，则流过各电阻的电流之比 $I_1 : I_2 : I_3$ 为_____。

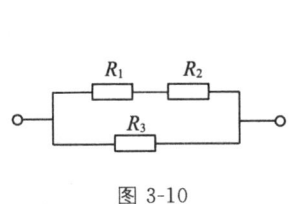

图 3-10

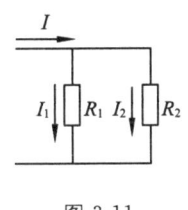

图 3-11

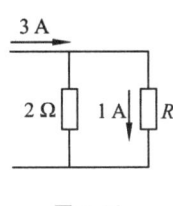

图 3-12

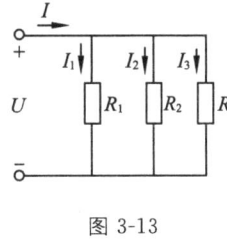

图 3-13

二、单选题

1. 两电阻 $R_1 = 40\ \Omega, R_2 = 60\ \Omega$，则串联和并联后的总电阻分别为(　　)
   A. $100\ \Omega, 50\ \Omega$　　　　　　　　　B. $50\ \Omega, 100\ \Omega$
   C. $100\ \Omega, 24\ \Omega$　　　　　　　　　D. $24\ \Omega, 100\ \Omega$
2. 两只电阻串联时的电阻为 $10\ \Omega$，并联时的电阻为 $2.4\ \Omega$，则两只电阻分别为(　　)
   A. $3\ \Omega, 6\ \Omega$　　　　　　　　　　B. $5\ \Omega, 5\ \Omega$
   C. $4\ \Omega, 6\ \Omega$　　　　　　　　　　D. $2\ \Omega, 8\ \Omega$
3. 两个阻值相同的电阻器串联后的等效电阻与并联后的等效电阻之比是(　　)
   A. $4 : 1$　　　　　B. $1 : 4$　　　　　C. $1 : 2$　　　　　D. $2 : 1$
4. 标有"$100\ \Omega, 25\ W$"和"$100\ \Omega, 9\ W$"的两个电阻并联时允许加的最大电压为(　　)
   A. $30\ V$　　　　　B. $40\ V$　　　　　C. $60\ V$　　　　　D. $80\ V$
5. 已知电阻 R_1 与 $R_2 (R_1 > R_2)$，若将它们并联在电路中，则(　　)
   A. $I_1 > I_2$　　　　　　　　　　　　　B. $I_1 < I_2$
   C. $U_1 > U_2$　　　　　　　　　　　　D. $U_1 < U_2$
6. 两个电阻 R_1 和 R_2 并联，已知 $R_1 = 2R_2$，且 R_2 上消耗的功率为 $1\ W$，则 R_1 上消耗的功率为(　　)
   A. $2\ W$　　　　　B. $1\ W$　　　　　C. $4\ W$　　　　　D. $0.5\ W$

三、计算题

1. 在图 3-14 中,已知:$U=12$ V,$R_1=10$ Ω,$R_2=40$ Ω。求电路的总电阻和总电流以及各电阻中的电流。

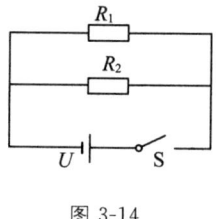

图 3-14

2. 在 220 V 电源上并联接入两只白炽灯,它们的功率分别为 100 W 和 40 W,这两只灯从电源取用的总电流是多少?

3. 在图 3-15 所示电路中,$U_{ab}=60$ V,总电流 $I=150$ mA,$R_1=1.2$ kΩ。试求:
   (1)通过 R_1、R_2 的电流 I_1、I_2 的值;(2)电阻 R_2 的大小。

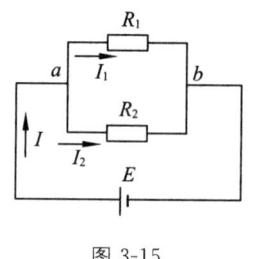

图 3-15

4. 在图 3-16 所示电路中,已知:电流表 A 的示数为 9 A,电流表 A_1 的示数为 3 A,$R_1=4$ Ω,$R_2=6$ Ω。求:电阻 R_3 和总电阻 R。

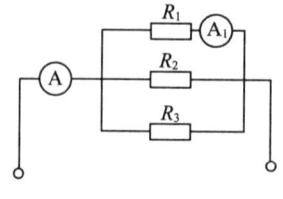

图 3-16

任务五 分析电阻的混联电路

一、填空题

1. 电路中电阻既有_____又有_____的连接方式称为混联。
2. 如图3-17所示的电路中,流过R_2的电流为3 A,则流过R_3的电流为_____A,流过R_1的电流为_____A,E为_____V。
3. 如图3-18所示,当开关S打开时,c、d两点间的电压为_____V;当S合上时,c、d两点间的电压又为_____V;50 Ω电阻的功率为_____W。

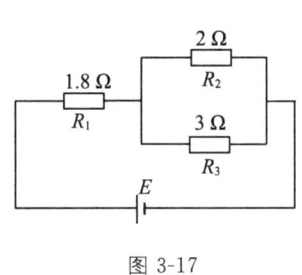

图 3-17

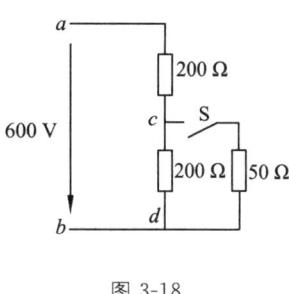

图 3-18

二、单选题

1. 如图3-19所示,三只白炽灯A、B、C完全相同,当开关S闭合后,白炽灯A、B的亮度将( )
  A. A灯变亮,B灯变暗
  B. A灯变暗,B灯变亮
  C. A、B灯都变暗
  D. A、B灯都变亮
2. 如图3-20所示,若增大R_1的值,则R_0两端的电压U_0和通过的电流I_0将( )
  A. U_0增大、I_0增大
  B. U_0减小、I_0增大
  C. U_0增大、I_0减小
  D. U_0减小、I_0减小
3. 在图3-21中各灯的规格相同,当L_3断路时,出现的现象是( )
  A. L_1、L_2变暗,L_4变亮
  B. L_1、L_2变亮,L_4变暗
  C. L_1、L_2、L_4亮度都不变
  D. L_1、L_2、L_4都变亮

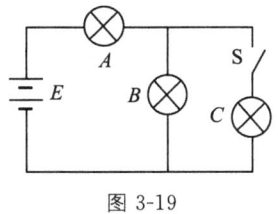

图 3-19

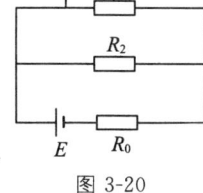

图 3-20

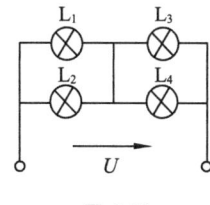

图 3-21

4. 在图3-22所示电路中,三个电阻连接关系是( )
  A. 串联
  B. 并联
  C. 混联
  D. 三角形连接
5. 如图3-23所示,电路中等效电阻R_{AB}为( )
  A. 2 Ω
  B. 3 Ω
  C. 4 Ω
  D. 5 Ω

6. 如图 3-24 所示,已知变阻器滑动触点 C 在 A、B 的中点,则电路中电阻 R 两端的电压是（ ）

A. $\frac{1}{2}U_{AB}$ B. 大于 $\frac{1}{2}U_{AB}$ C. 小于 $\frac{1}{2}U_{AB}$ D. U_{AB}

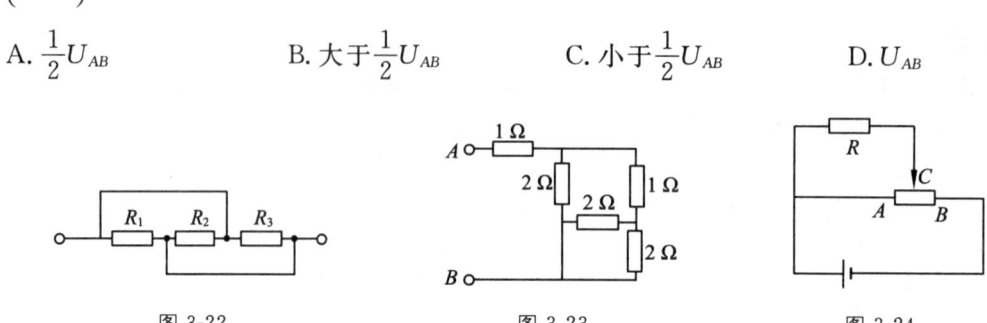

图 3-22   图 3-23   图 3-24

三、简答题

如图 3-25 所示电路,请分析:当变阻器 R_3 的滑动触头向左移动时,图中各电流表和电压表的示数将如何变化?

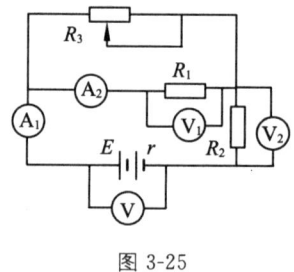

图 3-25

四、计算题

1. 如图 3-26 所示电路,$R_1 = 10\ \Omega$,$R_2 = 40\ \Omega$,$R_3 = 60\ \Omega$,$U = 68$ V。
求:(1)电路的总电阻;(2)通过 R_1 的电流;(3)通过 R_3 的电流;(4)R_1 消耗的电功率。

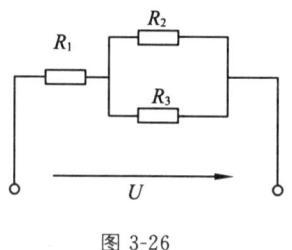

图 3-26

2. 如图 3-27 所示电路,已知:$R_1 = 1\ \Omega$,$R_2 = 2\ \Omega$,$R_3 = 3\ \Omega$,$R_4 = 4\ \Omega$,$I_2 = 2$ A。求 I。

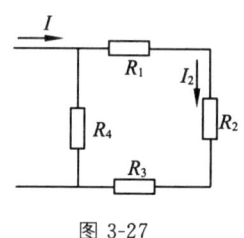

图 3-27

3. 如图 3-28 所示电路中，$E=9$ V，$r=1$ Ω，$R_1=3$ Ω，$R_2=6$ Ω。
   求：(1) I、I_1、I_2；(2) R_2 消耗的功率。

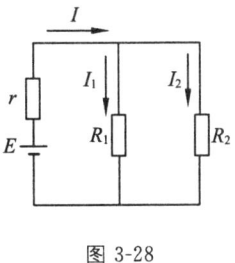

图 3-28

4. 如图 3-29 所示电路中，已知：$R_1=5$ Ω，$R_2=10$ Ω，$R_3=15$ Ω，$U_{AB}=60$ V。
   求：(1) 总电阻 R；(2) 各电阻中电流 I_1、I_2、I_3；(3) 各电阻两端的电压 U_1、U_2、U_3。

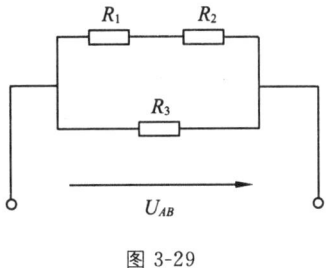

图 3-29

5. 如图 3-30 所示电路中，$E=6$ V，$r=1$ Ω，$R_1=8$ Ω，$R_2=3$ Ω，$R_3=6$ Ω，$R_4=10$ Ω。
   求总电流 I 及 R_4 消耗的功率。

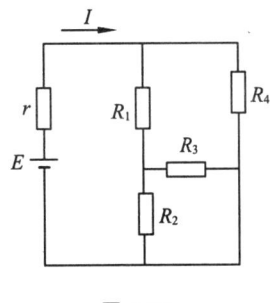

图 3-30

6. 如图 3-31(a)、(b) 所示电路中，已知 $R_1=R_2=2$ Ω，$R_3=R_4=R_5=4$ Ω，分别求 R_{AB}。

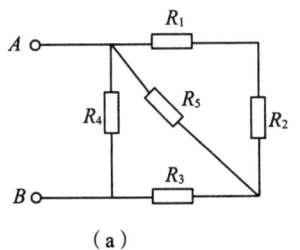

(a)

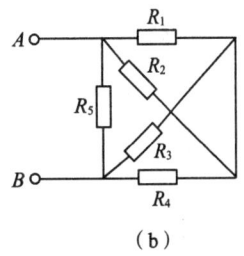

(b)

图 3-31

项目四 分析复杂直流电路

任务一 探究基尔霍夫电流定律

一、填空题

1. 由一个或几个元件首尾相接构成的无分支电路叫_____；电路中三条或三条以上支路的汇聚点叫_____；任意的封闭路径叫_____；内部不含有支路的回路叫_____。

2. 同一支路内，流过所有元件的电流_____；电路中任意一个节点上，流入节点的电流之和_____流出节点的电流之和；基尔霍夫电流定律的数学表达式为_____。

3. 如图 4-1 所示电路，其节点数为_____个，支路数为_____条，回路数为_____个，网孔数为_____个。

4. 如图 4-2 所示电路，其节点数为_____个，支路数为_____条，回路数为_____个，网孔数为_____个。

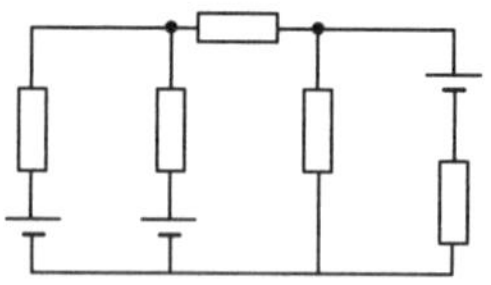

图 4-1

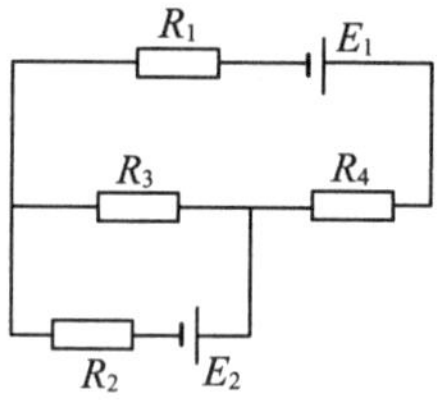

图 4-2

5. 如图 4-3 所示电路中 $I=$_____。
6. 如图 4-4 所示电路中 $I=$_____。
7. 如图 4-5 所示的电路，$I_1=$_____A，$I_2=$_____A。

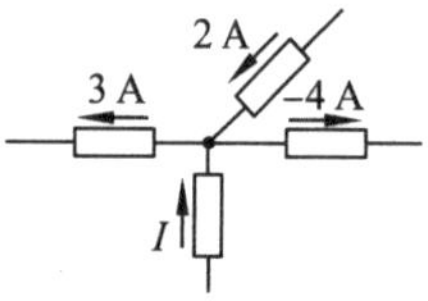

图 4-3

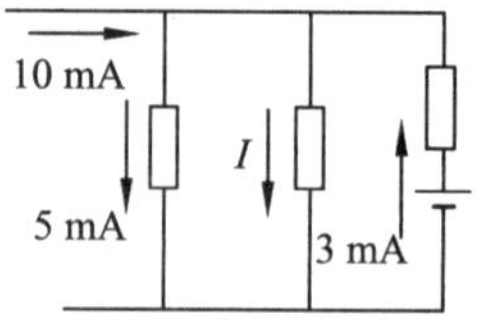

图 4-4

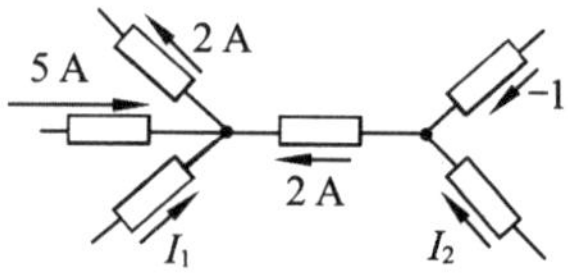

图 4-5

二、单选题

1. 图 4-6 所示电路中含有回路的个数是（　　）
   A. 2 个　　　　B. 4 个　　　　C. 5 个　　　　D. 6 个

2. 如图 4-7 所示电路中，节点数、支路数、回路数及网孔数分别为（　　）
   A. 4、4、6、4　　B. 2、5、3、3　　C. 3、6、4、6　　D. 2、4、6、3

3. 如图 4-8 所示电路中，A、B 两点的电压 U_{AB} 为（　　）
   A. 4 V　　　　B. −4 V　　　　C. 8 V　　　　D. −8 V

4. 如图 4-9 所示电路中，电流 I 为（　　）
   A. 2 A　　　　B. −3 A　　　　C. 4 A　　　　D. −4 A

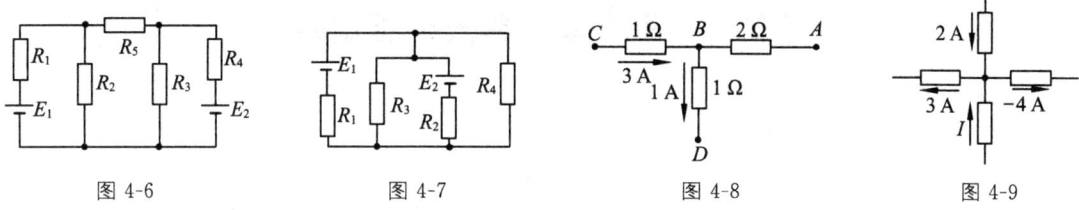

| 图 4-6 | 图 4-7 | 图 4-8 | 图 4-9 |

三、计算题

1. 如图 4-10 所示,求 I_1、I_2 的大小。

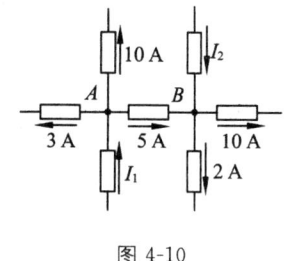

图 4-10

2. 如图 4-11 所示,试计算电流 I_1。

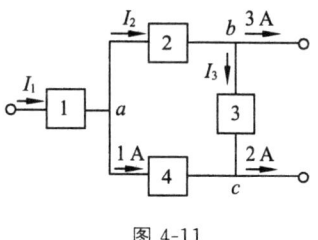

图 4-11

3. 如图 4-12 所示电桥电路,分析:
   (1)图中有几条支路?几个节点?几条回路?几个网孔?
   (2)若已知 $I_1 = 25$ mA,$I_3 = 16$ mA,$I_4 = 12$ mA,求其余电阻中的电流 I_2、I_5、I_6。

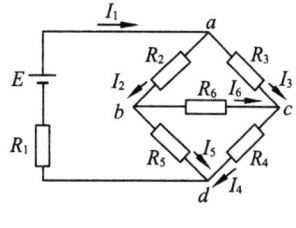

图 4-12

任务二　探究基尔霍夫电压定律

一、填空题

1. 基尔霍夫电压定律的内容是_____，
   数学表达式为：_____。

2. 根据图 4-13 中所标电流 I、电压 U 和电动势 E 的参考方向写出表示三者关系的式子：
   (a)图 $U=$ _____ ; (b)图 $U=$ _____ ; (c)图 $U=$ _____。

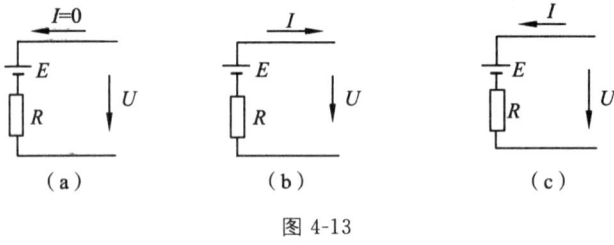

图 4-13

二、单选题

1. 如图 4-14 所示电路中回路的 KVL 方程为(　　)
   A. $U_1+U_2+U_3=0$　　　　　　　　　B. $U_1-U_2-U_3=0$
   C. $-U_1+U_2+U_3=0$　　　　　　　　D. $U_1-U_2+U_3=0$

2. 如图 4-15 所示电路中电动势 E 为(　　)
   A. 3 V　　　　B. 4 V　　　　C. $-$4 V　　　　D. $-$3 V

3. 如图 4-16 所示，a、b 两点间的电压 U_{ab} 为(　　)
   A. 4 V　　　　B. $-$4 V　　　　C. 8 V　　　　D. $-$8 V

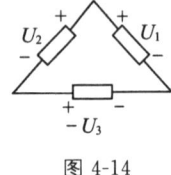
图 4-14

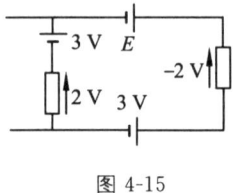
图 4-15

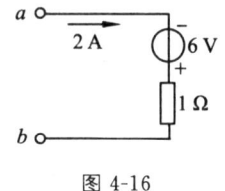
图 4-16

4. 如图 4-17 所示电路中电流 I 为(　　)
   A. 2 A　　　　　　　　　　　　　　B. $-$2 A
   C. 4 A　　　　　　　　　　　　　　D. $-$4 A

5. 如图 4-18 所示，电源电动势 $E_1=E_2=6$ V，内电阻不计，$R_1=R_2=R_3=3$ Ω，则 a、b 两点间的电压为(　　)
   A. 0 V　　　　　　　　　　　　　　B. $-$3 V
   C. 6 V　　　　　　　　　　　　　　D. $-$9 V

6. 电路如图 4-19 所示，正确的关系式为(　　)
   A. $I_1=\dfrac{E_1-E_2}{R_1+R_2}$　　　　　　　　　　B. $I_2=\dfrac{E_2}{R_2}$
   C. $I_1=\dfrac{E_1-I_3R_3}{R_1+R_2}$　　　　　　　　D. $I_2=\dfrac{-E_2-I_3R_3}{R_2}$

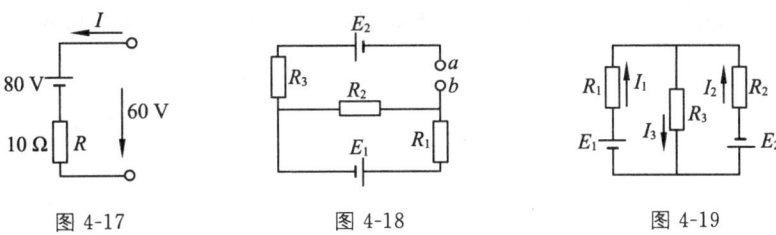

图 4-17　　　　　　　图 4-18　　　　　　　图 4-19

三、判断题

1. 每一条支路中的元件,仅是一只电阻或一个电源。　　　　　　　　　　　　　　　(　)
2. 电桥电路是复杂直流电路。　　　　　　　　　　　　　　　　　　　　　　　　(　)
3. 电路中任一网孔都是回路。　　　　　　　　　　　　　　　　　　　　　　　　(　)
4. 电路中任一回路都是网孔。　　　　　　　　　　　　　　　　　　　　　　　　(　)
5. 基尔霍夫电流定律是指沿回路绕行一周,各段电压的代数和一定为零。　　　　　　(　)

四、计算题

1. 求图 4-20 所示电路中的电动势 E。

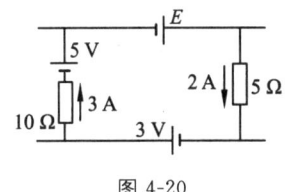

图 4-20

2. 如图 4-21 所示,已知:$I=2$ A,$I_2=12$ A,$R_1=1$ Ω,$R_2=2$ Ω,$R_3=10$ Ω。
   求 A_1 和 A_2 的读数。

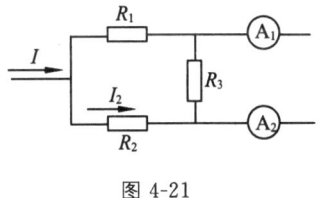

图 4-21

3. 如图 4-22 所示,已知:$I_1=0.4$ A,$R_1=25$ Ω,$R_3=400$ Ω,$E_1=30$ V,$E_2=48$ V。
   求 R_2 的阻值及流过它的电流 I_2。

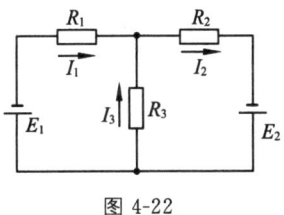

图 4-22

4. 如图 4-23 所示，根据基尔霍夫定律分别列出 A、B 两个节点的电流方程和网孔 1、2 的回路电压方程。

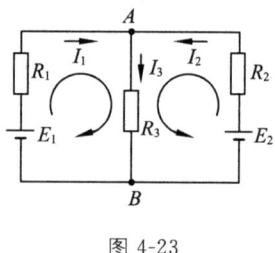

图 4-23

任务三　掌握支路电流法

一、填空题

应用支路电流法解复杂直流电路时，是以_____为未知量，若电路中有 b 条支路，n 个节点，m 个网孔，则需要列_____个节点电流方程式，_____个回路电压方程，即可以得到_____个独立方程，然后联立求解。

二、单选题

1. 某一复杂直流电路，有 n 个节点，m 条支路，利用支路电流法解题时，应列节点电流方程个数为（　　），回路电压方程数为（　　）。
   A. n　　　　　　B. $n-1$　　　　　　C. $n+1$　　　　　　D. $m-n+1$

2. 某一复杂直流电路中，有 3 个节点、5 条支路，利用支路电流法求支路电流时，需列出的回路电压方程数为（　　）
   A. 1 个　　　　　B. 2 个　　　　　　C. 3 个　　　　　　D. 4 个

3. 某电路有 3 个节点和 7 条支路，采用支路电流法求解各支路电流时，应列出电流方程和电压方程的个数分别为（　　）
   A. 3、4　　　　　B. 4、3　　　　　　C. 2、5　　　　　　D. 2、7

三、计算题

1. 如图 4-24 所示，已知：$E_1=6$ V，$E_2=1$ V，$R_1=1$ Ω，$R_2=2$ Ω，$R_3=3$ Ω，试用支路电流法求解各支路电流。

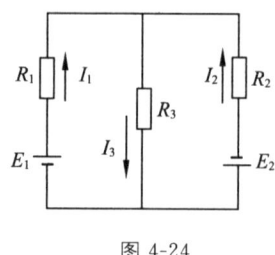

图 4-24

2. 如图 4-25 所示,已知 $E_1=18$,$E_2=9$ V,$R_1=R_2=1$ Ω,$R_3=4$ Ω,用支路电流法求各支路电流。

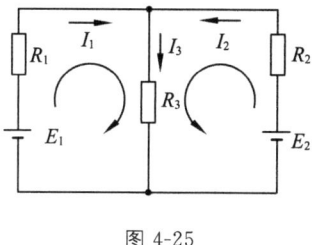

图 4-25

3. 如图 4-26 所示,$E_1=130$ V,$E_2=120$ V,$R_1=2$ Ω,$R_2=10$ Ω,$R_3=10$ Ω,试用支路电流法求各支路电流。

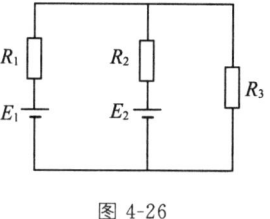

图 4-26

4. 如图 4-27 所示,$E_1=40$ V,$E_2=5$ V,$E_3=25$ V,$R_1=5$ Ω,$R_2=R_3=10$ Ω,求各支路电流。

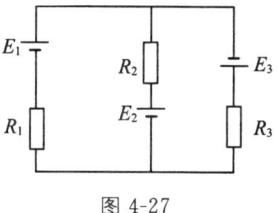

图 4-27

5. 如图 4-28 所示,$E_1=10$ V,$E_2=6$ V,$R_1=5$ Ω,$R_2=1$ Ω,$R_3=10$ Ω,$R_4=5$ Ω,求各支路电流。

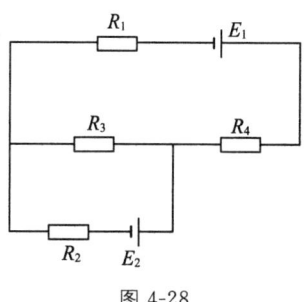

图 4-28

6. 如图 4-29 所示,已知:$R_1=R_2=4\ \Omega$,$R_3=R_4=R_5=8\ \Omega$,$E_1=4$ V,$E_2=8$ V,求电压 U_{ab} 和电阻 R_5 所消耗的功率。

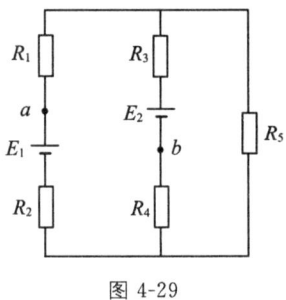

图 4-29

任务四　理解戴维南定理

一、填空题

1. 任何具有_____的电路都可称为二端网络。若在这部分电路中含有_____,就可以称为有源二端网络。
2. 戴维南定理指出:任何有源二端网络都可以用一个等效电压源来代替,电源的电动势等于二端网络的_____,其内阻等于有源两端网络内_____。
3. 一个有源二端网络,测得其开路电压为 100 V,短路电流为 10 A,当外接 10 Ω 负载时,负载电流为_____。
4. 测试一个有源二端网络参数的实验电路如图 4-30(a)、(b)所示,由测试数据可知该有源二端网络的等效电压为_____,等效内阻为_____。

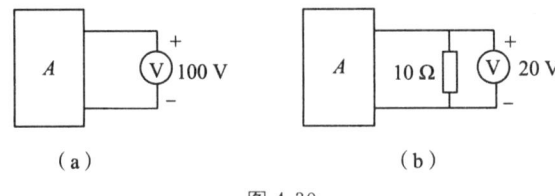

图 4-30

二、单选题

1. 将图 4-31 所示的有源二端网络简化为一个电源后,其等效电动势为(　　)
   A. 30 V　　　　　B. 20 V　　　　　C. －20 V　　　　　D. 10 V
2. 如图 4-32 所示的有源二端网络的等效内阻 R_{AB} 为(　　)
   A. 3 kΩ　　　　　B. $\dfrac{1}{3}$ kΩ　　　　　C. $\dfrac{1}{2}$ kΩ　　　　　D. 2 kΩ

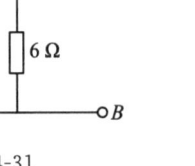

图 4-31

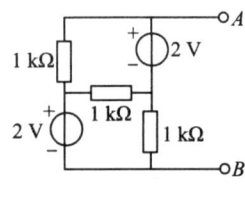

图 4-32

3. 测得一有源二端网络开路电压 $U_{oc}=6$ V,短路电流 $I_s=2$ A,设外接负载 $R_L=9$ Ω,则 R_L 中的电流为( )
  A. 2 A B. 0.67 A C. 0.5 A D. 0.25 A

三、将图 4-33 和图 4-34 两个有源二端网络分别等效为一个电源。

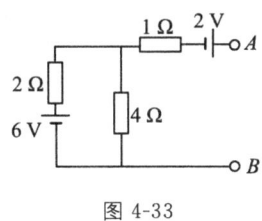

图 4-33

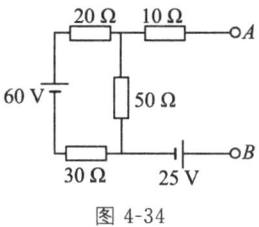

图 4-34

四、计算题

1. 如图 4-35 所示,$E_1=10$ V,$E_2=4$ V,$R_1=R_2=R_6=2$ Ω,$R_3=1$ Ω,$R_4=10$ Ω,$R_5=8$ Ω,试用戴维南定理求通过电阻 R_3 的电流。

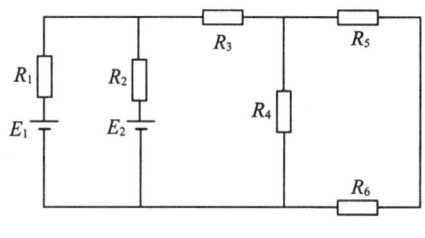

图 4-35

2. 如图 4-36 所示,$E_1=15$ V,$E_2=12$ V,$E_3=3$ V,$R_1=R_2=R_3=R_4=1$ Ω,$R_5=11$ Ω,求:
  (1) S 断开时,R_5 中的电流及其两端的电压;
  (2) S 闭合时,R_5 中的电流。

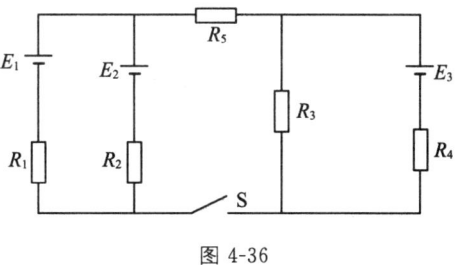

图 4-36

3. 如图 4-37 所示,已知:$E_1=6$ V,$E_2=1$ V,$R_1=6$ Ω,$R_2=10$ Ω,$R_3=4$ Ω,$R_4=3.6$ Ω,用戴维南定理求电流 I。

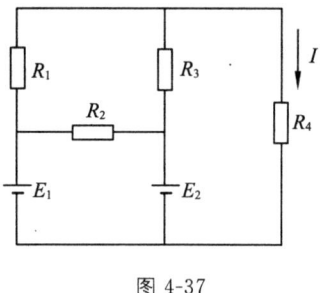

图 4-37

4. 如图 4-38 所示,已知 $R_1=R_2=4$ Ω,$R_3=R_4=R_5=8$ Ω,$E_1=4$ V,$E_2=8$ V,求电阻 R_5 所消耗的功率。

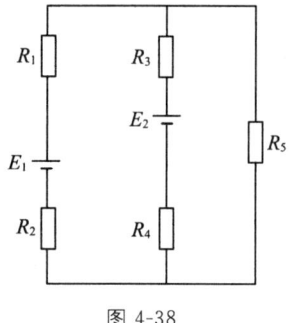

图 4-38

5. 如图 4-39 所示,已知:$E=8$ V,$R_1=3$ Ω,$R_2=5$ Ω,$R_3=R_4=4$ Ω,$R_5=0.125$ Ω,试应用戴维南定理求电阻 R_5 中的电流 I。

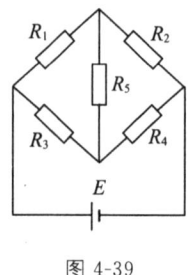

图 4-39

任务五　了解叠加定理

一、填空题

1. 在单电源电路中,电流总是从电源的_____极出发,经由外电路流向电源的_____极。

2. 叠加定理只适用于_____电路,而且叠加定理只能用来计算_____和_____,不能直接用于计算_____。

3. 在图4-40所示电路中,已知E_1单独作用时,通过R_1、R_2、R_3的电流分别是－4 A、2 A、－2 A;E_2单独作用时,R_1、R_2、R_3的电流分别是3 A、2 A、5 A,则各支路电流 $I_1 =$_____ A,$I_2 =$_____ A,$I_3 =$_____ A。

4. 在图4-41所示电路中,已知开关S打在位置1时,电流表读数为3 A,求当开关打在位置2时,电流表的示数应为_____。

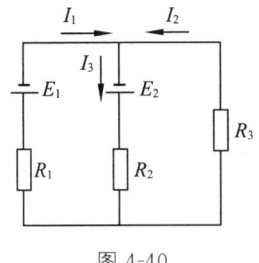

图 4-40

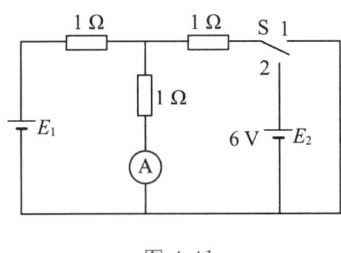

图 4-41

二、单选题

1. 叠加定理可以用来分析计算线性电路中的(　　)
   A. 电流和电压　　　　　　　　　B. 电流和功率
   C. 电压和功率　　　　　　　　　D. 电流、电压和功率

2. 叠加定理适用于(　　)
   A. 直流线性电路　　　　　　　　B. 交流线性电路
   C. 非线性电路　　　　　　　　　D. 任何线性电路

3. 利用叠加定理分析复杂电路时,在考虑各个电源单独作用时,则(　　)
   A. 其余电源断路　　　　　　　　B. 其余电源短路
   C. 所有电阻短路　　　　　　　　D. 所有电阻断路

三、计算题

1. 如图4-42所示,已知:$E_1 = 18$ V,$E_2 = 6$ V,$R_1 = 2$ Ω,$R_2 = 4$ Ω,$R_3 = 6$ Ω,用叠加定理求电路中电流I。

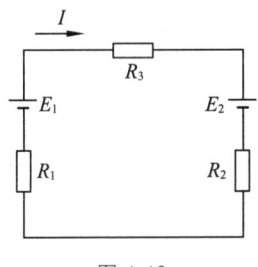

图 4-42

2. 如图 4-43 所示,已知:$E_1=12$ V,$E_2=15$ V,$R_1=6$ Ω,$R_2=R_3=3$ Ω,用叠加定理求各支路电流 I_1、I_2、I_3。

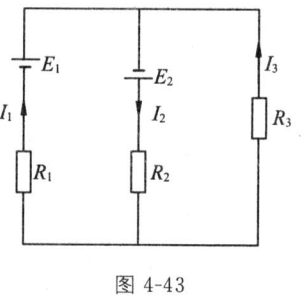

图 4-43

3. 如图 4-44 所示,已知:$E_1=48$ V,$E_2=32$ V,$R_1=4$ Ω,$R_2=6$ Ω,$R_3=16$ Ω,试用叠加定理求通过 R_1、R_2、R_3 的电流。

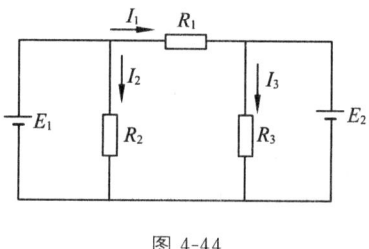

图 4-44

项目五 认识电容器

任务一 认识电容器结构

一、填空题

1. _____的两个导体组成一个电容器。这两个导体称为电容器的两个_____,中间的绝缘材料称为电容器的_____。
2. 电容量是电容器的固有属性,它只与电容器的_____、_____以及_____有关,而与_____、_____等外部条件无关。
3. 电容量的单位是_____,用字母_____表示;比它小的单位是_____和_____,它们之间的换算关系为_____。
4. 一个电容器,当它接到 50 V 直流电源上时,极板所带电荷量为 2 C,则该电容器的电容量为_____,若把它接到 100 V 直流电源上时,电容量为_____,每个极板所带电荷量为_____。
5. 单位换算:2 μF=_____F,1 000 PF=_____F,0.05 F=_____μF=_____PF。
6. 平行板电容器的电容为 C,充电到电压为 U 后断开电源,所带电荷量为 Q。然后将两极板间的距离由 d 增大到 $2d$,则电容器的电容量为_____,所带电荷量为_____,两极板间的电压为_____。

二、判断题

1. 根据 $C=Q/U$,当电量 Q 为零时,电容量 C 也为零。( )
2. 任一固定电容器的电容量是一个常数,与外加电压和电荷量无关。( )
3. 有两个电容器,且 $C_1>C_2$,如果它们两端的电压相等,则 C_1 所带电荷量较多。( )
4. 有两个电容器,且 $C_1>C_2$,若它们所带的电荷量相等,则 C_1 两端电压较高。( )
5. 只有成品电容器才具有电容。( )
6. 平行板电容器的电容与外加电压的大小成正比。( )
7. 平行板电容器相对极板面积增大,其电容也增大。( )
8. 电容器带电量多电容量就大,带电量少电容量就小。( )
9. 凡是被绝缘物分开的两个导体的总体,都可以看成为是一个电容器。( )

三、单选题

1. 电容量的单位是( )
   A. 亨利　　　　　B. 法拉　　　　　C. 赫兹　　　　　D. 韦伯
2. 某电容器的电容量为 C,如不带电荷时,它的电容量是( )
   A. 0　　　　　　B. 大于 C　　　　C. 小于 C　　　　D. 等于 C
3. 有两个电容器,一个电容大,一个电容小,若加在它们两端的电压相等,则两个电容器所带的电荷量是( )
   A. 容量小的多　　B. 容量大的多　　C. 一样多　　　　D. 不确定
4. 下面关于电容器的电容量的说法正确的是( )
   A. 电容器的电容量与外加电压成正比,与电荷量成反比

B. 电容器的电容量与外加电压的变化率成正比

C. 电容器的电容量与电容器本身的几何尺寸及介质有关

D. 电容器的电容量与所储存的电荷量成正比,与外加电压成反比

5. 有一个电容器两端的电压为 40 V,它所带的电量是 0.4 C,若把它两端的电压降到 20 V,则(　　)

　　A. 电容器的电容量降低一半　　　　　B. 电容量保持不变

　　C. 电容器所带电荷量增加一倍　　　　D. 电荷量不变

6. 有两个电容器,电容量 $C_1 > C_2$,如果它们两端的电压相等,则(　　)

　　A. C_1 所带的电荷量较多　　　　　　B. C_2 所带的电荷量较多

　　C. 两电容器所带的电荷量相等　　　　D. 不能确定

四、简答题

分析在下列情况下,空气平行板电容器的电容量、两极板间电压、电容器所带电荷量各有什么变化?

(1) 充电后保持与电源相连,将极板面积增大一倍;

(2) 充电后保持与电源相连,将两极板间距增大一倍;

(3) 充电后与电源断开,再将两极板间距增大一倍;

(4) 充电后与电源断开,再将极板面积缩小一半;

(5) 充电后与电源断开,再在两极板间插入相对介电常数 $\varepsilon_r = 4$ 的电介质。

五、计算题

1. 一个电容器的电容量为 30 μF,在它两端加上 500 V 直流电压时,该电容器极板上所带的电荷量是多少?

2. 有一电容器加 10 V 电压时所带电荷量为 10^{-6} 库仑。

　　求:(1) 电容器的电容量;(2) 当电容器两端加 20 V 电压时,所带电荷量又是多少?

任务二 探究电容器的充电和放电

一、填空题

1. 电容器在充电过程中,充电电流逐渐_____,电容器两端电压逐渐_____。在放电过程中,放电电流逐渐_____,电容器两端电压逐渐_____。

2. 在图 5-1 所示电路中,电源电动势为 E,内阻不计,C 是一个电容量很大的未充电的电容器。当 S 合向 1 时,电源向电容器_____,这时,看到白炽灯 HL 开始_____,然后逐渐_____,从电流表 A 上可观察到充电电流在_____,而从电压表可以观察到电容器两端电压_____。经过一段时间后,HL_____,电流表读数为_____,电压表读数为_____。

3. 在图 5-1 所示电路中,电容充电结束后,将 S 合向 2 时,电容器将_____,这时,看到白炽灯 HL 开始_____,然后逐渐_____;从电压表可以观察到电容器两端电压_____。经过一段时间后,HL_____,电压表读数为_____。

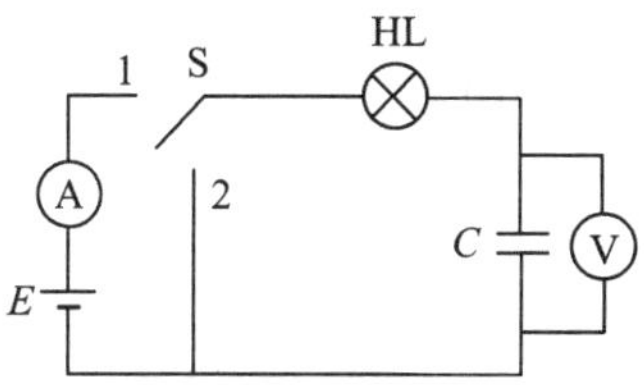

图 5-1

二、单选题

1. 在图 5-2 所示电路中,电容器两端电压为( )
   A. 9 V   B. 0 V   C. 5 V   D. 10 V

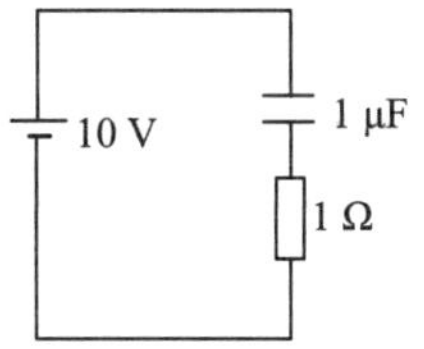

图 5-2

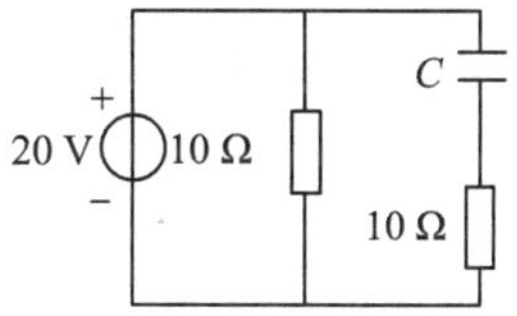

图 5-3

2. 在图 5-3 所示电路中,电容器两端电压为( )
   A. 10 V   B. 5 V   C. 20 V   D. 0 V

3. 关于电容器的充放电,下列说法正确的是( )
   A. 充、放电过程中外电路有瞬间电流
   B. 充电电流逐渐增大,放电电流逐渐减小
   C. 充电电流能穿过电容器从一个极板到达另一个极板
   D. 充电的电容器通过电阻放电过程中,电容器两端电压将直线下降

4. 一个平行板电容器充电结束后,断开电源,当增大极板间距离时( )
   A. 电容器的电容量变大
   B. 电容器所带电量增大
   C. 电容器两极板间的电压变大
   D. 电容器两极板间的电压不变

5. 下列设备中,利用电容充放电原理工作的是( )
   A. 电磁炉
   B. 变压器
   C. 动圈式话筒
   D. 照相机的闪光灯

三、简答题

如图 5-4 所示,已知:$R_1 = 15\ \text{k}\Omega$,$R_2 = 10\ \text{k}\Omega$,$C = 100\ \mu\text{F}$,$E = 10\ \text{V}$。请分析:(1)若想对电容器充电,开关应拨到哪个位置?充电结束后,电容器两端电压为多少?

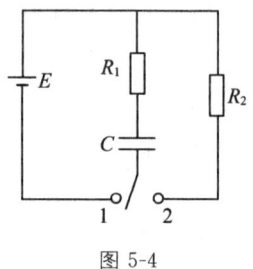

图 5-4

(2)电容器充电结束后,欲对电容器放电,开关应拨到哪个位置?放电速度比充电速度快还是慢?

任务三　会电容器的识别和检测

一、填空题

1. 电容器按电容量是否可调可分为_____、_____、_____三类;按介质材料的不同可以分为_____、_____、_____、_____、_____等。
2. 电容器的主要参数包括_____、_____、_____。
3. 电容器额定工作电压是指电容器在电路中_____的直流电压,又称耐压值。在交流电路中,应保证所加交流电压的_____值不能超过电容器的额定工作电压。
4. 电容器上标有"30 μF 600 V"的字样,30 μF 表示_____;600 V 表示_____。
5. 电容器上标有"3n 9J"字样,表示标称容量为_____,允许误差为_____。
6. 电容器上标有"682 K 500 V"字样,表示其标称容量为_____,允许误差为_____,额定工作电压为_____。
7. 检测电容器的质量好坏,是利用_____原理。
8. 检测大容量电容器的质量时,应将万用表拨到_____挡,倍率使用_____。当我们将万用表的表笔分别与电容器两端接触时,看到指针有一定偏转,并很快回到接近于起始位置的地方,则说明该电容器_____,如果看到指针偏转到零后不再返回,则说明电容器内部_____。

二、单选题

1. 一只电容器上标有"104"字样,它的电容量为(　　)
 A. $10 \times 10^4\ \mu\text{F}$　　　B. $10 \times 10^4\ \text{pF}$　　　C. $104\ \text{pF}$　　　D. $104\ \mu\text{F}$
2. 电容器上标有"30 μF,600 V"的字样,600 V 是指(　　)
 A. 额定电压　　　B. 最小电压　　　C. 平均电压　　　D. 瞬时电压

3. 用万用表的 $R \times 1$ K 挡检测一只 10 μF 电容器时,将表笔搭接在电容器两端,发现指针迅速右偏,然后逐渐退回到起始位置,说明电容器(　　)
   A. 已击穿　　　　B. 漏电　　　　C. 内部断路　　　　D. 质量好

4. 将万用表的表笔分别与电容器的两端相接,检查电容器的质量,若指针回不到起始位置,停在标度盘右方某处,说明电容器(　　)
   A. 漏电　　　　B. 断路　　　　C. 质量好　　　　D. 不能确定

5. 将万用表的表笔分别与电容器的两端相接,检查电容器的质量,若指针指在万用表的零欧姆位置,说明电容器(　　)
   A. 漏电　　　　B. 断路　　　　C. 质量好　　　　D. 短路

三、简答题

1. 一个电容器的额定电压为 100 V,能否接在 100 V 的交流电路中使用,并说明理由。

2. 某同学用万用表 $R \times 1$ K 挡检测较大容量的电容器时,若观察到以下几种现象,试判断电容器质量的好坏。(1)表针不动;(2)看到表针有回摆但最终回不到起始位置(即"∞"位置);(3)表针偏转后不回摆,始终指在"0"位置。

任务四　分析电容器的连接

1　分析电容器的串联

一、填空题

1. 电容器串联的特点有:
   (1)　　　　　　　　　　　　　　　　　　　　　　　　　　　　　　　　　　　；
   (2)　　　　　　　　　　　　　　　　　　　　　　　　　　　　　　　　　　　；
   (3)　　　　　　　　　　　　　　　　　　　　　　　　　　　　　　　　　　　；
   (4)　　　　　　　　　　　　　　　　　　　　　　　　　　　　　　　　　　　。

2. 电容器串联之后,相当于增大了　　　　　,所以总电容　　　　　每个电容器的电容。

3. 电容器串联后,电容大的电容器分配的电压　　　　　,电容小的电容器分配的电压　　　　　。当两只电容器 C_1、C_2 串联在电压为 U 的电路中时,它们所分配的电压 $U_1 = $　　　　　,$U_2 = $　　　　　。

4. 在图 5-5 所示的电路中,$U = 10$ V,$C_1 = 4$ μF,$C_2 = 6$ μF,则 C_2 两端的电压为　　　　　。

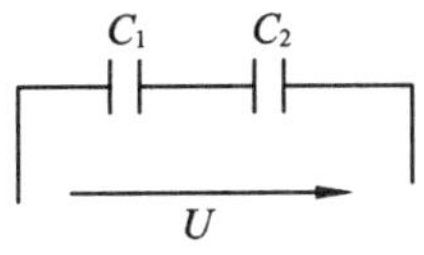

图 5-5

二、单选题

1. 如图 5-6 所示,若 $C_1 > C_2 > C_3$ 时,则它们两端的电压关系为（　　）
   A. $U_1 = U_2 = U_3$
   B. $U_1 > U_2 > U_3$
   C. $U_1 < U_2 < U_3$
   D. 不能确定

图 5-6

2. 三只电容器的容量分别为 C_1、C_2、C_3,若 $C_1 < C_2 < C_3$,将它们串联后接到相应电压的电路中,则它们所带的电量关系是（　　）
   A. $Q_1 < Q_2 < Q_3$
   B. $Q_1 > Q_2 > Q_3$
   C. $Q_1 = Q_2 = Q_3$
   D. 取决于电压高低

3. 电容器串联,其极板间的等效距离增大,电容量（　　）
   A. 越大
   B. 越恒定
   C. 越小
   D. 越不稳定

4. 有两个电容器,C_1 为 200 V、20 μF,C_2 为 250 V、2 μF,串联后接入 400 V 直流电路中,可能出现的情况是（　　）
   A. C_1 和 C_2 都被击穿
   B. C_1 击穿损坏
   C. C_1 和 C_2 都正常工作
   D. C_2 击穿损坏

三、计算题

1. 两只电容器 C_1 和 C_2,其中 $C_1 = 2$ μF,$C_2 = 6$ μF,将它们串联接到 $U = 80$ V 的电压两端,每只电容器两端所承受的电压是多少？每只电容器所储存的电荷量是多少？

2. 有两个电容器,其中 C_1 为 10 μF/450 V、C_2 为 50 μF/300 V。若将它们串联后接到 600 V 的直流电源上使用,求等效电容和每只电容器上分配的电压。这样使用是否安全？若不安全,最大安全电压为多少？

3. 如图 5-7 所示电路,已知：$E = 100$ V,$R_1 = 30$ Ω,$R_2 = 20$ Ω,$C_1 = 10$ μF,$C_2 = 2.5$ μF。求：(1) 各电容器两端的电压；(2) 各电容器所带的电荷量。

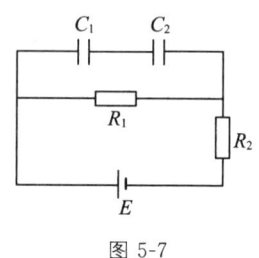

图 5-7

2 分析电容器的并联和混联

一、填空题

1. 电容器并联的特点有：
   (1) _____；
   (2) _____；
   (3) _____。

2. 如图 5-8 所示电路中 $R_1=R_2=R_3=6\ \Omega$，则整个电路的等效电阻为_____ Ω；如图 5-9 所示电路中 $C_1=C_2=C_3=6\ \mu F$，则整个电路的等效电容为_____ μF。

3. 如图 5-10 所示，每个电容器的电容量都是 $3\ \mu F$，额定工作电压都是 $100\ V$，则整个电容器组的等效电容量是_____，整个电容器组的额定电压是_____。

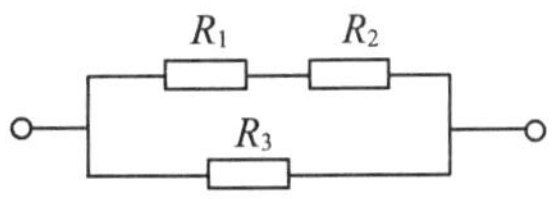

图 5-8 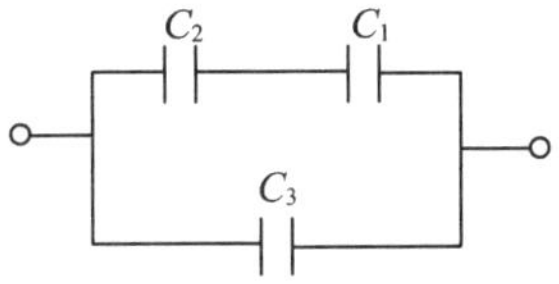　　　　图 5-9 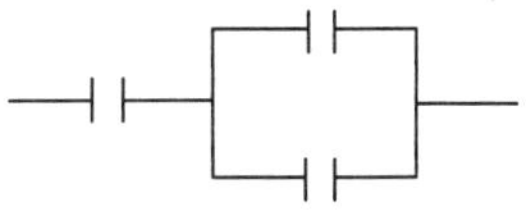　　　　图 5-10

二、单选题

1. 如图 5-11 所示电路，已知电容器 C_1 的电容量是 C_2 的两倍，C_1 充过电，电压为 U，C_2 未充电，如果将开关 S 合上，那么电容器 C_1 两端的电压将为（　　）
   A. $1/2\ U$　　　　　　　　　B. $1/3\ U$
   C. $2/3\ U$　　　　　　　　　D. U

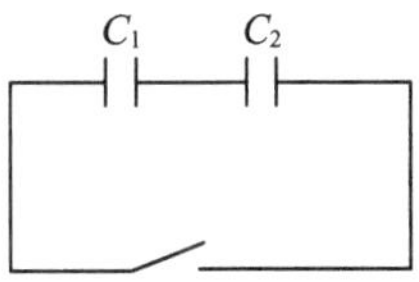

   图 5-11

2. 有两只电容器 $C_1>C_2$，如果将它们并联在电路中，则（　　）
   A. C_1 所带的电量较多　　　　B. C_2 所带的电量较多
   C. 它们所带的电量一样多　　　D. 无法确定带电量多少

3. 三只电容器的容量分别为 C_1、C_2、C_3，若 $C_1>C_2>C_3$，将它们并联后接到相应电压的电路中，则它们所带的电量关系是（　　）
   A. $Q_1<Q_2<Q_3$　　　　　　B. $Q_1>Q_2>Q_3$
   C. $Q_1=Q_2=Q_3$　　　　　　D. 无法确定

4. 电容器并联，其极板间的等效面积增大，电容量（　　）
   A. 越大　　　B. 越恒定　　　C. 越小　　　D. 越不稳定

5. 两个相同的电容器并联之后的等效电容跟它们串联之后的等效电容之比为（　　）
   A. $1:4$　　　B. $4:1$　　　C. $1:2$　　　D. $2:1$

三、计算题

1. 有两只电容器，电容分别为 $10\ \mu F$ 和 $20\ \mu F$。它们的额定工作电压为 $25\ V$ 和 $15\ V$，并联后，接在 $10\ V$ 电源上。求：(1) Q_1、Q_2 及 C；(2) 最大允许的工作电压。

2. 在图 5-12 所示电路中，$C_1=15\ \mu F,C_2=10\ \mu F,C_3=30\ \mu F,C_4=60\ \mu F$，求 A、B 两端的总电容量。

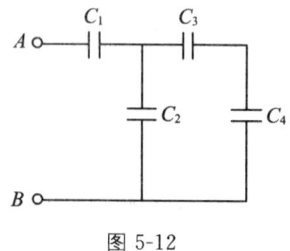

图 5-12

3. 由电容器组成的电路如图 5-13 所示，已知：$C_1=4\ \mu F,C_2=C_3=3\ \mu F,U=10\ V$。
求：(1) C_1 两端电压 U_1；(2) C_2 所带电量 Q_2。

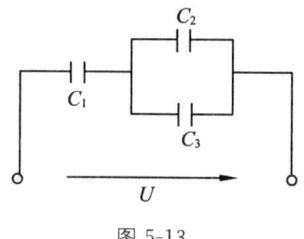

图 5-13

4. 两只电容器，其中一只为 $0.25\ \mu F$、$250\ V$，另一只为 $0.5\ \mu F$、$300\ V$，试求：(1) 它们并联后的等效电容和耐压值；(2) 它们串联后的等效电容和耐压值。

项目六 认识磁场和电磁感应

任务一 认识磁场

1 认识磁场及主要物理量

一、填空题

1. 某些物体能够_____的性质称为磁性。具有_____的物体称为磁体,磁体分为_____和_____两大类。

2. 磁体两端_____的部分称为磁极。当两个磁极靠近时,它们之间会产生相互作用力,即同名磁极相互_____,异名磁极相互_____。

3. 磁体周围存在一种特殊的物质叫_____。磁场的分布常用_____来描述。

4. 磁感线上任意一点的_____方向就是该点的磁场方向,也就是放在该点的小磁针_____的指向;磁感线的_____代表磁场的强弱;磁感线的方向为:在磁体外部由_____极指向_____极,在磁体的内部,磁感线由_____极指向_____极。

5. 在某一区域里,如果磁感线是一些方向相同分布均匀的平行直线,这一区域的磁场称为_____。

6. _____的现象称为电流的磁效应。

7. 磁感应强度是描述磁场中各点磁场的_____和_____的物理量,用符号_____表示,单位是_____。

8. 磁通是描述磁场_____的物理量,用符号_____表示,单位是_____。

9. 用来表示媒介质导磁性能的物理量叫_____,用符号_____,单位是_____。

10. 根据相对磁导率的不同,物质可以分成_____物质、_____物质和_____物质三大类。

二、单选题

1. 在条形磁铁中,磁性最强的部位在( )
   A. 中间　　　　B. 两极　　　　C. 整体　　　　D. 磁体内部

2. 当一个磁体被截成三段后,总共有( )个磁极。
   A. 2个　　　　B. 3个　　　　C. 4个　　　　D. 6个

3. 磁极是磁体中磁性( )的地方。
   A. 最强　　　　B. 最弱　　　　C. 不定　　　　D. 没有

4. 当一块磁体的N极靠近另一块磁体的N极时,二者之间( )存在。
   A. 有吸引力　　B. 有排斥力　　C. 有重力　　　D. 无任何力

5. 磁场中磁感线越密的地方,说明该地方磁场( )
   A. 越强　　　　B. 越弱　　　　C. 恒定　　　　D. 为零

6. 判断电流产生磁场方向用( )
   A. 左手定则　　　　B. 右手定则　　　　C. 右手螺旋定则　　　D. 楞次定律
7. 关于电流的磁场,正确的说法是( )
   A. 直线电流的磁场只分布在垂直于导线的某一平面上
   B. 直线电流的磁场是一些同心圆,距离导线越远,磁感线越密
   C. 直线电流、环形电流的磁场方向都可用安培定则判断
   D. 直线电流周围的磁场是匀强磁场
8. 磁感应强度的单位是( )
   A. 韦伯　　　　　　B. 特斯拉　　　　　C. 亨利　　　　　　　D. 亨利/米
9. 空气、铜、铁分别属于( )
   A. 顺磁物质、反磁物质、铁磁物质　　　　　B. 顺磁物质、顺磁物质、铁磁物质
   C. 顺磁物质、铁磁物质、铁磁物质　　　　　D. 反磁物质、铁磁物质、铁磁物质
10. 一空心通电线圈插入铁芯后,其磁路中的磁通将( )
    A. 大大增强　　　　B. 略有增强　　　　C. 不变　　　　　　　D. 减少

三、判断题

1. 每个磁体都有两个磁极,一个叫 N 极,另一个叫 S 极,若把磁体分成两段,则一段为 N 极,
   另一段为 S 极。　　　　　　　　　　　　　　　　　　　　　　　　　　　　　　（　　）
2. 地球是一个大磁体。　　　　　　　　　　　　　　　　　　　　　　　　　　　　（　　）
3. 由于磁感线能形象地描述磁场的强弱和方向,所以它存在于磁极周围的空间里。　（　　）
4. 磁感线的方向总是由 N 极指向 S 极。　　　　　　　　　　　　　　　　　　　　（　　）
5. 磁感线在磁场中是均匀分布的。　　　　　　　　　　　　　　　　　　　　　　　（　　）
6. "安培定则"用于判定电流产生磁场的方向。　　　　　　　　　　　　　　　　　（　　）
7. 磁感应强度 B 是一个矢量,即不仅有大小而且有方向。　　　　　　　　　　　　（　　）
8. 线圈通过的电流越大,所产生的磁场就越强。　　　　　　　　　　　　　　　　　（　　）
9. 通电线圈插入铁芯后,它所产生的磁通大大增加。　　　　　　　　　　　　　　　（　　）
10. 铁磁性材料常被做成电机、变压器、电磁铁的铁芯。　　　　　　　　　　　　　（　　）

四、分析判断题

1. 判断并标明图 6-1 中各图电流产生的磁场方向和小磁针 N 极的指向。

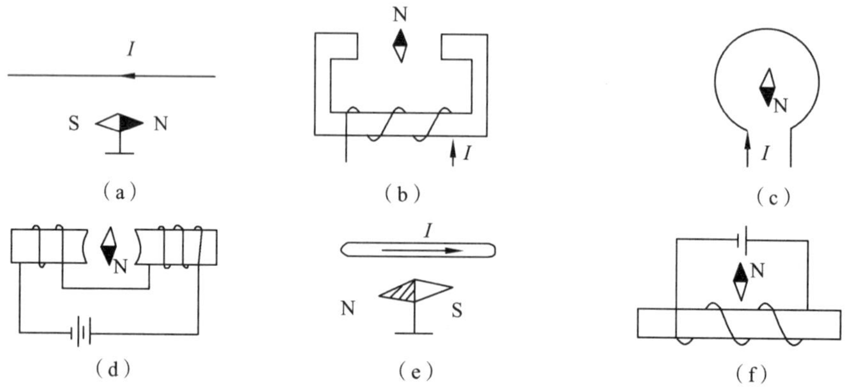

图 6-1

2. 根据图 6-2 中小磁针指向或电流磁场的极性，判断并标明线圈中电流的方向。

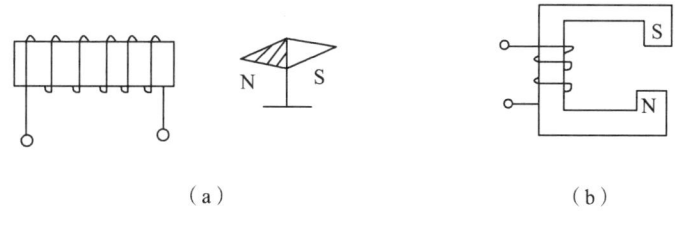

图 6-2

2 磁场对电流的作用力

一、填空题

1. 通电导体在磁场中受到的力叫_____，其方向可用_____定则来判断，大小计算公式为_____。

2. 如图 6-3 所示，导体 ab 在 B 处产生的磁感应强度的方向为穿出纸面向外，则导体中的电流方向为_____。

3. 如图 6-4 所示，在通电直导线的旁边放置一个通电的矩形线圈，则线圈四个边所受力的情况为：ab 边方向_____；bc 边方向_____；cd 边方向_____；ad 边方向_____。在合力的作用下，线圈将向_____运动。

4. 如图 6-5 所示，长 1 m，质量 0.2 kg 的金属杆 ab 被沿竖直方向的金属丝静止悬于磁感应强度 B=0.5 T，方向垂直纸面向里的匀强磁场中，要使金属细线中的张力为零，通过金属杆 ab 的电流方向是_____，电流大小应为_____。

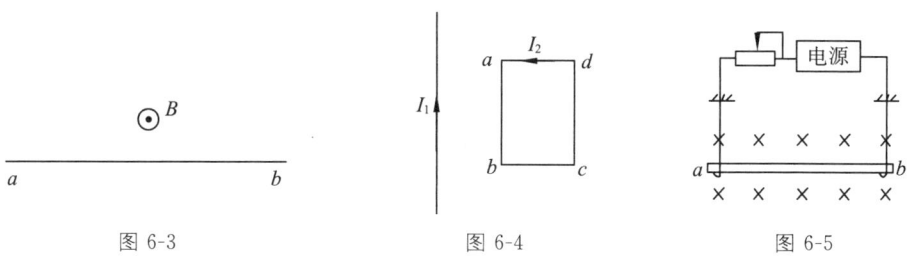

图 6-3   图 6-4   图 6-5

5. 把一段通电导线放入磁场中，当电流方向与磁场方向_____时，导线所受到的电磁力最大；当电流方向与磁场方向_____时，导线所受到的电磁力最小。

6. 两条相距较近且相互平行的直导线，当通以相同方向的电流时，它们_____；当通以相反方向的电流时，它们_____。

二、单选题

1. 判断磁场对通电导体作用力的方向，用（　　）
   A. 左手定则   B. 右手定则   C. 安培定则   D. 楞次定律

2. 在均匀磁场中，原来载流导体所受磁场力为 F，若电流强度增加到原来的 2 倍，而导线的长度减小一半，则载流导线所受的磁场力为（　　）

A. $2F$ B. F C. $F/2$ D. $4F$

3. 两根通有反方向电流的平行导线之间存在(　　)
   A. 有吸引力   B. 有排斥力   C. 无任何力   D. 有弹力

4. 一根通有电流、另一根无电流的两平行导线之间(　　)
   A. 有吸引力   B. 有排斥力   C. 无任何力   D. 有弹力

5. 若有一通电直导体在匀强磁场中受到的磁场力为最大,这时通电直导体与磁感线的夹角为(　　)
   A. $0°$ B. $90°$ C. $30°$ D. $60°$

6. 两条导线互相垂直,且相隔一小段距离,其中一条 AB 是固定的,另一条 CD 可以自由活动,如图 6-6 所示。当按图示方向给两条导线通入电流,则导线 CD 将(　　)
   A. 顺时针方向转动,同时靠近导线 AB
   B. 逆时针方向转动,同时靠近导线 AB
   C. 顺时针方向转动,同时离开导线 AB
   D. 逆时针方向转动,同时离开导线 AB

7. 如图 6-7 所示磁电系仪表中的指针将(　　)
   A. 向右偏转   B. 向左偏转   C. 向外偏转   D. 不会偏转

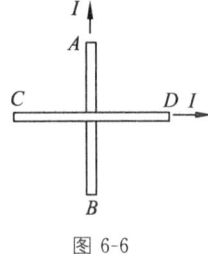

图 6-6

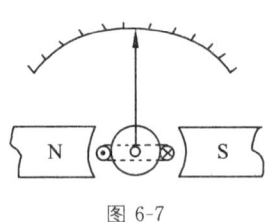

图 6-7

三、分析判断题

1. 判断图 6-8 所示各图中载流导体的受力方向。

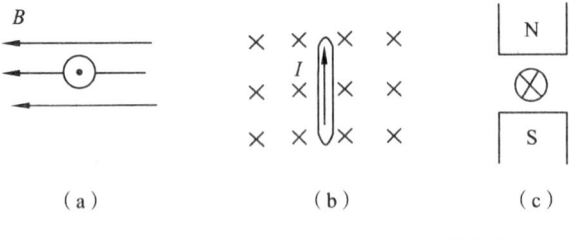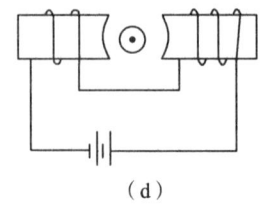

图 6-8

2. 标出图 6-9 所示各图中电流或力的方向。

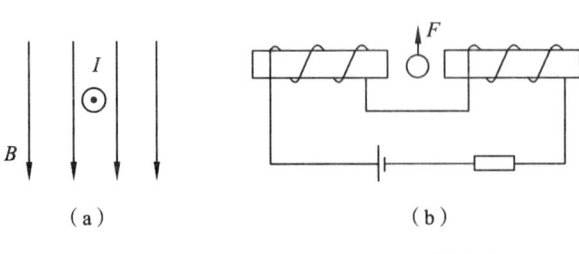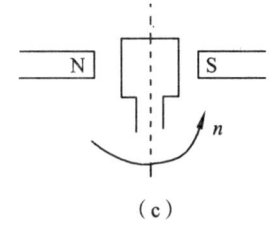

图 6-9

四、计算题

1. 把一条 50 cm 长的通电直导线垂直放入匀强磁场中,导线中的电流是 2 A,磁场的磁感应强度是 1.2 T。求导线所受的安培力的大小。

2. 把一根通有 4 A 电流、长为 30 cm 的导线放在匀强磁场中,当导线和磁感线垂直时,测得所受安培力是 0.06 N。求:(1)磁场的磁感应强度;(2)如果导线和磁场方向夹角为 30°,导线所受到的安培力的大小。

3. 如图 6-10 所示,有一根金属导线,长 0.4 m,质量是 0.02 kg,用两根柔软的细线悬在匀强磁场中,当导线中通以 2 A 电流(方向如图)时,若要使导线所受的电磁力正好抵消悬线的张力,在图中标出磁场方向,并求:磁场的磁感应强度应为多大?

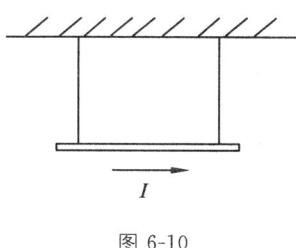

图 6-10

任务二 认识电磁感应现象

一、填空题

1. _____ 称为电磁感应现象。产生的电流称为_____,产生的电动势称为_____。

2. 导体在_____中作_____运动,将产生感应电动势。感应电动势的方向用_____判断。

3. 当穿过线圈的磁通量_____时,就会产生感应电动势。感应电动势的方向用_____判断。

4. 楞次定律的内容为:感应电流产生的磁场(感应磁场)总是_____原磁场的变化。当线圈中的原磁通增加时,感应磁通的方向与原磁通方向_____;当线圈中的磁通减少时,感应磁通的方向与原磁通方向_____。即"增反减同"。

5. 应用楞次定律判断感应电流方向的步骤:
   (1)_____;
   (2)_____"增反减同";
   (3)_____(安培定则)。

二、单选题

1. 判断导体切割磁感线产生的感应电动势方向,应该用( )
   A. 左手定则　　　B. 右手定则　　　C. 安培定则　　　D. 楞次定律

2. 判断线圈中由于磁通变化产生的感应电动势方向,应该用( )
   A. 左手定则　　　B. 右手定则　　　C. 安培定则　　　D. 楞次定律

3. 当磁铁从线圈中抽出时,线圈中感应电流产生的磁通方向与磁铁的( )
   A. 运动方向相反　B. 运动方向相同　C. 磁通方向相反　D. 磁通方向相同

4. 当一段导体切割磁感线运动,说法正确的是( )
   A. 一定会产生感应电流　　　　　　B. 一定会产生感应电动势
   C. 一定有感应磁场阻碍导线运动　　D. 不一定会产生感应电动势

5. 一根导体在匀强磁场中匀速直线运动,当运动方向与磁场方向和导体都垂直时,导线中的感应电动势为 e,如果导线的长度增加一倍,运动速度减少一半,那么导线中的感应电动势变为( )
   A. $0.5e$　　　　B. e　　　　　C. $2e$　　　　　D. $4e$

6. 当线圈穿过的磁通发生变化时,线圈两端感应电动势的大小与_____成正比。
   A. 磁通　　　　　B. 磁通的变化量　C. 磁感应强度　　D. 磁通的变化率

7. 运动导体切割磁感线而产生最大感应电动势时,导体运动方向与磁感线间的夹角应为( )
   A. 0°　　　　　　B. 45°　　　　　C. 60°　　　　　D. 90°

8. 感应磁通的方向总是与原磁通( )
   A. 方向相同　　　B. 方向相反　　　C. 变化趋势相反　D. 方向无关

9. 如图 6-11 所示,封闭的导电线框 abcd 在纸面内向右平移,则线框内( )
   A. 没有感应电流产生　　　　　　　B. 产生感应电流,方向 adcba
   C. 产生感应电流,方向是 abcda　　D. 不能肯定

10. 当条形磁铁按图 6-12 所示方向从线圈中快速拔出时,下面几种说法正确的是( )
    A. 电阻中的电流从 a 到 b,$V_a > V_b$　　B. 电阻中的电流从 b 到 a,$V_a < V_b$
    C. 电阻中的电流从 b 到 a,$V_a > V_b$　　D. 电阻中的电流从 a 到 b,$V_a < V_b$

11. 图 6-13 所示的匀强磁场中,当导体 AB 在外力作用下在两平行金属导轨上无磨擦的快速向右运动时,置于导轨右边的金属杆 CD 将( )
    A. 静止不动　　　B. 向左运动　　　C. 向右运动　　　D. 左右振动

12. 如图 6-14 所示,在匀强磁场中,两根平行的金属导轨上放置两条平行的金属导体 ab、cd,假定它们沿导轨运动的速度分别为 v_1 和 v_2,且 $v_1 > v_2$,现要使回路中产生最大的感应电流,且方向由 a→b,那么 ab、cd 的运动情况应为( )
    A. 背向运动　　　B. 相向运动　　　C. 都向右运动　　D. 都向左运动

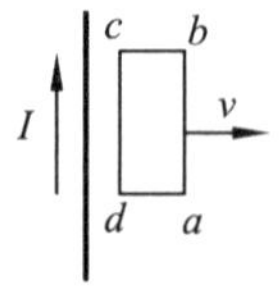

图 6-11 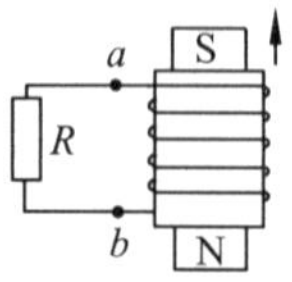　　　图 6-12 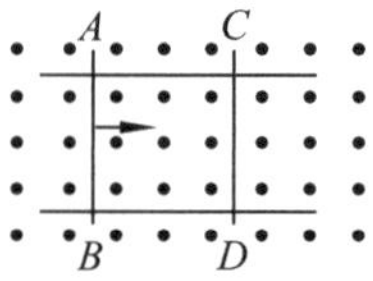　　　图 6-13 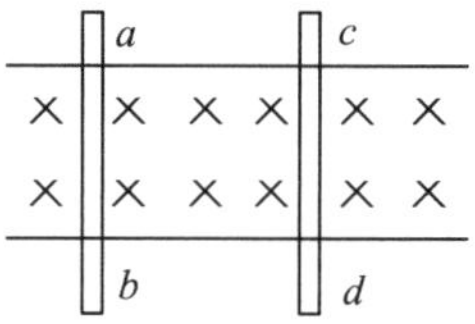　　　图 6-14

13. 如图 6-15 所示,线圈 *abcd* 匀速地经过匀强磁场由左侧移至右侧的虚线位置,则 *abcd* 线圈中的感应电流波形为( )

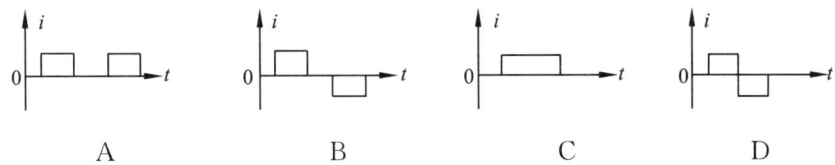

14. 如图 6-16 所示,当导体 *cd* 在外力作用下,沿金属导轨在匀强磁场中以速度 *v* 向右移动时,放置在导轨左侧的导体 *ab* 将( )

A. 静止不动   B. 向右移动

C. 向左移动   D. 左右振动

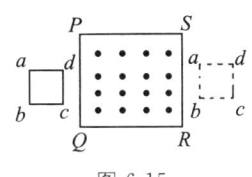

图 6-15

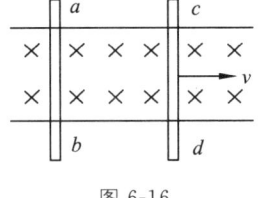

图 6-16

15. 下列属于电磁感应现象的是( )

A. 通电直导体周围产生磁场

B. 通电直导体在磁场中运动

C. 变压器铁芯被磁化

D. 线圈在磁场中转动发电

16. 法拉第电磁感应定律可以表述为:闭合电路中感应电动势的大小( )

A. 与穿过这一闭合电路的磁通变化率成正比

B. 与穿过这一闭合电路的磁通成正比

C. 与穿过这一闭合电路的磁感应强度成正比

D. 与穿过这一闭合电路的磁通变化量成正比

三、判断题

1. 当磁通发生变化时,导线或线圈中就会有感应电流产生。 ( )
2. 通过线圈中的磁通越大,产生的感应电动势就越大。 ( )
3. 感应电流产生的磁通总是与原磁通的方向相反。 ( )
4. 左手定则既可以判断通电导体的受力方向,又可以判断直导体的感应电流方向。 ( )
5. 线圈中的磁通变化率越大,其感应电动势也越大。 ( )
6. 导体切割磁感线的速度越快,导体中所产生的感应电动势也就越大。 ( )
7. 线圈中感应电流产生的磁场总是要阻碍线圈中原磁场的变化。 ( )
8. 只有当导体或线圈是闭合电路的一部分时,才能产生电磁感应现象。 ( )

四、分析判断

1. 如图 6-17 所示,当闭合的金属线框 *abcd* 分别做下列四种运动时,线框中能否产生感应电流?

(1)水平向左运动;

(2)竖直向下平动;

(3)以 *bc* 边为轴作圆周运动;

(4) 以通电导线为轴作圆周运动。

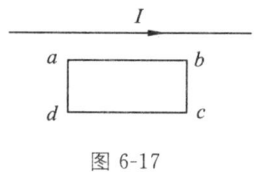

图 6-17

2. 如图 6-18 所示,在磁场中有一个闭合的弹簧线圈。先把线圈撑开如(A)图,然后放开手,让线圈收缩如(B)图。收缩时,其中是否有感应电流？为什么？

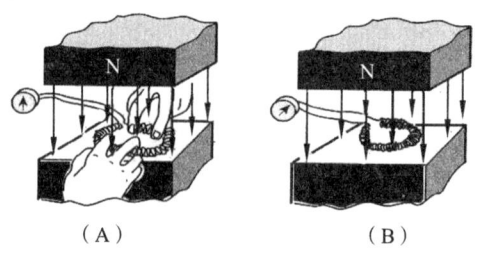

图 6-18

3. 判断并标出图 6-19 所示各图中运动导体产生的感应电流方向。

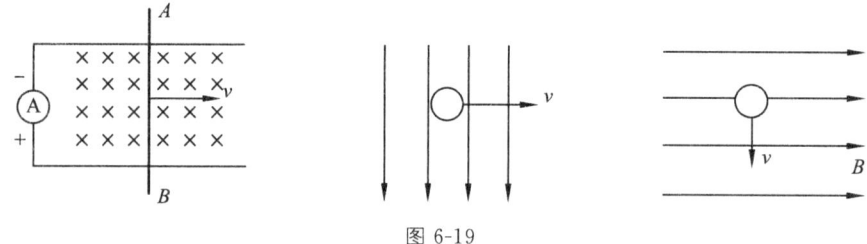

图 6-19

4. 如图 6-20 所示,导体 ab 沿导轨向右作匀加速运动,请分析判断:(1)导体 ab 中的感应电流方向;(2)导体 CD 中感应电流方向;(3)导体 CD 在直线 EF 的电流磁场中所受电磁力的方向。

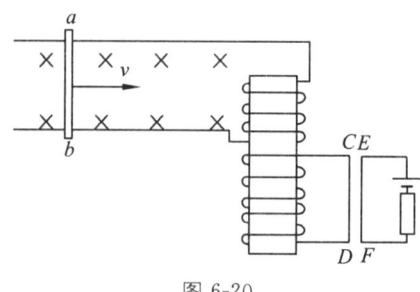

图 6-20

5. 判断并标出图 6-21(a)、(b)两图中流过检流计的电流方向,并说明检流计指针的偏转方向。

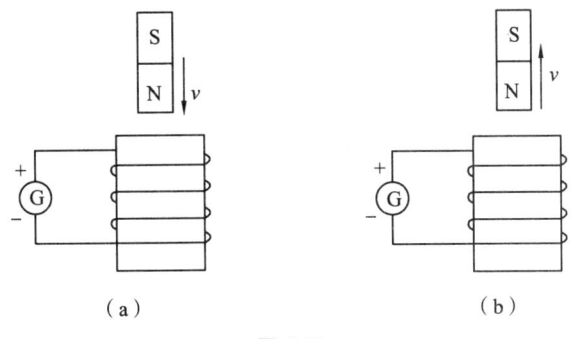

图 6-21

6. 如图 6-22 所示,在条形磁铁抽出线圈过程中,试标出线圈两端的感应电动势极性,检流计指针将如何偏转?

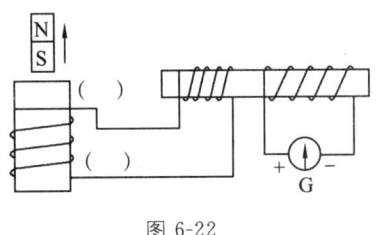

图 6-22

7. 如图 6-23 所示,当条形磁铁向下移动时,试问:(1)A、B 端的感应电动势极性;(2)CD 中电流方向;(3)CD 的受力方向。

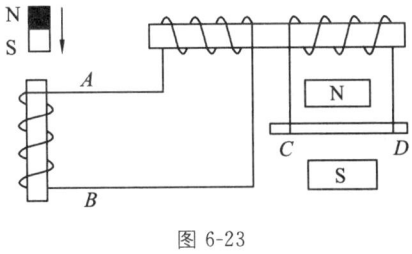

图 6-23

五、计算题

1. 如图 6-24 所示,有一长度 $L=30$ cm 的导体,在 $B=1.25$ T 的匀强磁场中作匀速运动,运动方向与 B 垂直且速度 $V=40$ m/s,设导体的电阻 $r=0.1$ Ω,外电路的电阻 $R=19.9$ Ω。求:(1)导体上产生的感应电动势的大小和方向;(2)流过电阻 R 的电流。

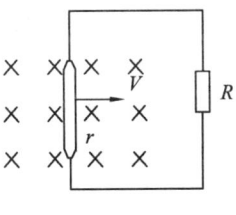

图 6-24

· 47 ·

2. 如图6-25所示,导体MN在导电轨道CDAB上垂直于磁场无摩擦滑动。
   (1)试在图中标出导体MN中感应电流方向;并说明哪端电位高?
   (2)若B=0.06 T,V=0.1 m/s,MN的有效长度L=10 cm,整个导电回路的等效电阻R=0.2 Ω,则感应电流为多大?
   (3)磁场作用在导体MN上的电磁力为多大,方向如何?

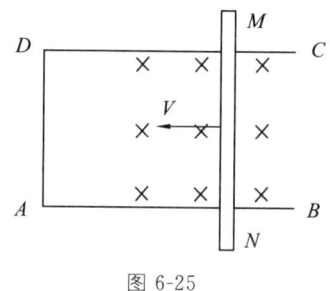

图6-25

3. 有一个1 000匝的空芯线圈,在0.4 s内通过的磁通量由0.02 Wb变为0.1 Wb,求:(1)线圈中产生的感应电动势大小;(2)若线圈的电阻为10 Ω,当它与一个990 Ω的电阻构成回路时,求回路中的电流。

任务三　认识自感现象及电感器

一、填空题

1. 自感现象是_____的一种,它是由线圈本身_____而引起的。自感电动势用_____表示,自感电流用_____表示。
2. 电感量也称自感系数,用字母_____表示,单位为_____。
3. 线圈电感量的大小与线圈的_____、_____、_____、_____有关,而与线圈中的_____无关。
4. 电感线圈和电容器相似,都是_____元件,电感线圈中的_____不能突变。
5. 自感电动势的大小不但与_____成正比,而且与线圈的_____成正比。自感电动势的方向与电流有关,当电流增大时,自感电动势的方向与电流方向_____,当电流减小时,自感电动势的方向与电流方向_____。
6. 荧光灯中的镇流器是利用_____产生瞬时高电压点亮灯管的。

二、单选题

1. 当线圈中通入(　　)时,就会引起自感现象。
   A. 不变的电流　　　B. 变化的电流　　　C. 电流　　　D. 直流电流
2. 线圈中产生的自感电动势总是(　　)
   A. 与线圈内的原电流方向相同
   B. 与线圈内的原电流方向相反
   C. 阻碍线圈内原电流的变化
   D. 上面三种说法都不正确

3. 由于流过线圈电流的变化而在线圈中产生感应电动势的现象称为(　　)
   A. 电磁感应　　　　　　　　　　　　B. 自感应
   C. 电流磁效应　　　　　　　　　　　D. 互感应
4. 自感电动势的大小正比于原电流的(　　)
   A. 大小　　　　　　　　　　　　　　B. 方向
   C. 变化量　　　　　　　　　　　　　D. 变化率
5. 电感量的单位是(　　)
   A. 亨利　　　　　B. 法拉　　　　　C. 赫兹　　　　　D. 韦伯
6. 在图 6-26 中,L 为电感,C 为电容,灯泡 a、b、c 规格相同。在 S 闭合的瞬间,最亮的是(　　);电路稳定后最亮的是(　　)
   A. 灯 a　　　　　　　　　　　　　　B. 灯 b
   C. 灯 c　　　　　　　　　　　　　　D. 三个灯一样亮
7. 在图 6-27 中,开关 S 断开瞬间,灯泡 H 将会(　　)
   A. 立即熄灭　　　　　　　　　　　　B. 逐渐熄灭
   C. 突然闪亮一下再逐渐熄灭　　　　　D. 不熄灭

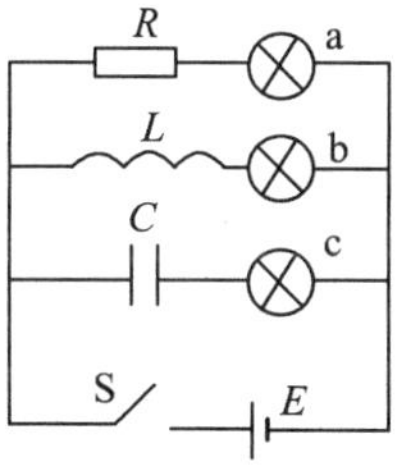

图 6-26 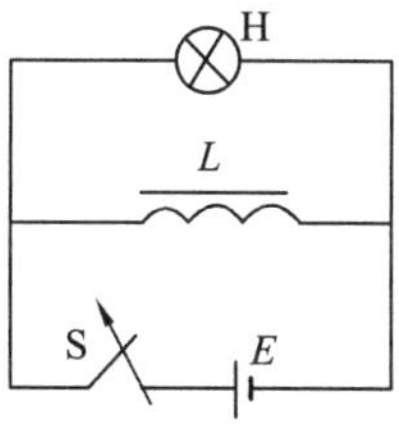　　　　　　　　图 6-27

三、判断题

1. 自感是电磁感应的一种。　　　　　　　　　　　　　　　　　　　　　　　(　　)
2. 线圈中的电流变化越快,则其自感系数就越大。　　　　　　　　　　　　　(　　)
3. 自感电动势的大小与线圈的电流变化率成正比。　　　　　　　　　　　　　(　　)
4. 当结构一定时,空心线圈的电感量是一个常数。　　　　　　　　　　　　　(　　)
5. 自感电动势是由流过线圈本身的电流发生变化而产生的。　　　　　　　　　(　　)
6. 具有大电感的电路在接通和断开电源瞬间,会产生很大的自感电动势。　　　(　　)

四、计算题

1. 电感 $L=500$ mH 的线圈,其电阻忽略不计,设在某一瞬间线圈的电流每秒增加 5 A,此时线圈两端的电压是多少?

2. 在一电感线圈中通入如图 6-28 所示电流,前 2 s 内产生的自感电动势为 1 V,则线圈的自感系数是多少? 第 3 s、第 4 s 内线圈产生的自感电动势是多少? 第 5 s 内线圈产生的自感电动势是多少?

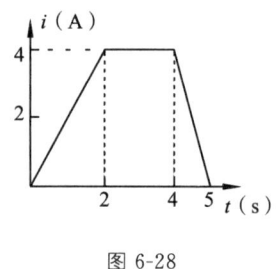

图 6-28

任务四　认识互感现象及变压器

一、填空题

1. 当一个线圈中的电流产生变化而在_____中产生电磁感应的现象叫互感现象。
2. 当两个线圈相互_____时,互感系数最大;当两个线圈相互_____时,互感系数最小。
3. 通过互感现象可以使能量或信号由一个线圈方便地传递到另一个线圈,_____、_____、_____等都是利用互感原理工作的。
4. 由于线圈的绕向_____而产生感应电动势_____的端子叫同名端。
5. 互感线圈的同名端归根结底是取决于_____。
6. 测定同名端的方法有_____和_____。
7. 变压器是按照_____原理工作的;变压器的基本组成是_____和_____两大部分。
8. _____叫变压器的变压比。降压变压器的变压比_____1,升压变压器的变压比_____1。
9. 某单相变压器,原绕组为 660 匝,当原边电压为 220 V 时,要求副边电压为 100 V,则该变压器副绕组的匝数为_____。
10. 有一台单相变压器,变压比 $K=45$,副边电压 $U_2=220$ V,负载电阻 $R_2=2$ Ω,则副边电流 $I_2=$_____A;如果忽略变压器损耗,则原边电压 $U_1=$_____,原边电流 $I_1=$_____。

二、单选题

1. 在图 6-29 中,a、b、c 三个线圈的同名端是(　　)
   A. 1、3、6　　B. 1、4、6　　C. 1、3、5　　D. 1、4、5
2. 如图 6-30 所示,开关 S 闭合瞬间,检流计正偏,则(　　)
   A. 1、3 是同名端　　B. 2、3 是同名端　　C. 1、2 是同名端　　D. 3、4 是同名端

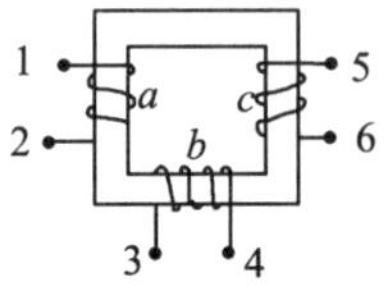

图 6-29 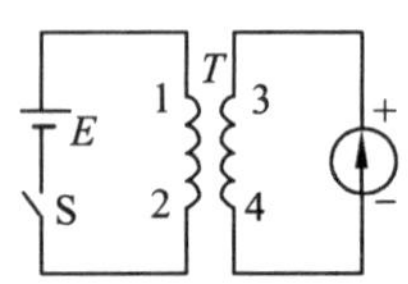　　图 6-30

3. 对于已绕制好的变压器,其原副绕组的同名端是( )
   A. 不确定的   B. 确定的
   C. 取决于磁场强弱   D. 取决于铁芯结构

4. 直流法判定单相变压器同名端常用的电源和仪表是( )
   A. 交流电源、电压表   B. 直流电源、欧姆表
   C. 交流电源、电流表   D. 直流电源、电流表

5. 下列说法错误的是( )
   A. 互感电动势的方向即为磁通变化的方向
   B. 线圈绕组的同名端即为感应电动势极性相同的端点
   C. 当两个线圈相互垂直放置时,可消除互感的影响
   D. 互感现象有利也有弊

6. 变压器的基本工作原理是( )
   A. 电流的磁效应   B. 楞次定律   C. 电磁感应   D. 欧姆定律

7. 变压器的铁芯采用硅钢片的目的是( )
   A. 减小铜损   B. 减小铁损   C. 节省材料   D. 价格便宜

8. 下列条件中,符合降压变压器的是( )
   A. $I_1 < I_2$ B. $I_1 > I_2$ C. $K < 1$ D. $N_1 < N_2$

9. 关于变压器的绕组,正确的说法是( )
   A. 原绕组的匝数一定比副绕组的匝数多   B. 副绕组的匝数一定比原绕组匝数多
   C. 高压绕组导线细,低压绕组导线粗   D. 高压绕组导线粗,低压绕组导线细

三、分析判断题

1. 判断图 6-31 中三个线圈的同名端,并判断开关 S 闭合瞬间三个线圈中产生的感应电动势的方向。

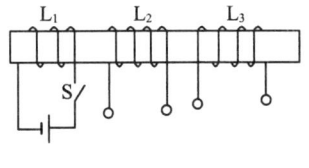

图 6-31

2. 绕在同一铁芯上的一对互感线圈,不知其同名端,现按图 6-32 连接电路并测试,当开关突然接通时,发现电压表正向偏转,试说明两线圈的同名端,并在图中标记。

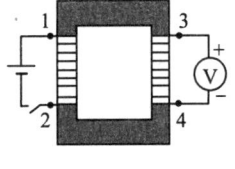

图 6-32

3. 如图 6-33 所示,1、2 和 3、4 分别为单相变压器($k=2$)初级和次级绕组,电压表 V_1 测得 1、2 两端为交流电压 220 V,测得电压表 V_3 的电压为 110 V,请说明 V_2 的电压应是多少?并指出 1 端与哪端是同名端。

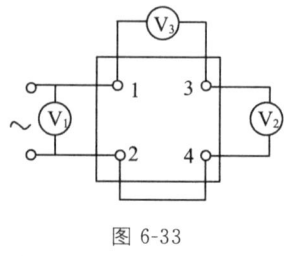

图 6-33

四、计算题

1. 一台变压器一次绕组为 3 000 匝,变压比 $K=10$,当一次绕组接入 220 V 的工频电源时,试计算二次绕组的匝数和输出电压各是多少?

2. 有一理想变压器,已知一次绕组匝数是 1 000 匝,二次绕组匝数是 200 匝,将一次侧接在 220 V 的交流电路中,若二次侧负载阻抗是 440 Ω,试求:(1)变压比 K;(2)二次绕组输出电压 U_2;(3)二次绕组中电流 I_2;(4)一次绕组中电流 I_1。

项目七 认识单相正弦交流电

任务一 认识正弦交流电

一、填空题

1. 直流电的方向_____的变化而变化；交流电的方向_____的变化而变化，正弦电流则是大小和方向按_____变化。
2. 发电厂的发电机产生的都是_____，我们日常生产生活中使用的都是_____。
3. 示波器是一种用途十分广泛的_____仪器，能够显示各种电信号的_____。
4. 目前大量使用的示波器有两种：_____和_____。
5. 用示波器可以观测到交流电随时间的变化规律，可以直观形象地表示一个交流电，这就是交流电的表示方法之一_____。
6. 一个正弦交流电除了可以用波形图表示外，还可以用一个数学式子表示，比如：$i = I_m \sin(\omega t + \varphi_0)$，这个三角函数式称为正弦交流电的_____或_____，式中 I_m 为电流_____，ω 称为_____，φ_0 为_____。

二、单选题

1. 要使示波器显示的波形亮而且细，应该用（　　）
   A. 亮度旋钮　　　　　　　　　　　B. 聚焦旋钮
   C. 标尺亮度　　　　　　　　　　　D. 亮度旋钮和聚焦旋钮
2. 在使用示波器时，要使显示波形向上移动，应调节（　　）
   A. 垂直位移　　　B. V/div 旋钮　　　C. 水平位移　　　D. t/div 旋钮
3. 用示波器观察一标准正弦波电压，波形一个周期水平距离为 4 div，且挡位为 5 ms/div，则该电压的周期为（　　）
   A. 20 ms　　　　B. 0.2 s　　　　C. 5 ms　　　　D. 2 s
4. 用示波器测量正弦交流电的波形，用 4 V/div 挡，峰峰值为 5 div，则正弦交流电的最大值为（　　）
   A. 7.07 V　　　　B. 10 V　　　　C. 20 V　　　　D. 14.14 V
5. 调节示波器"水平位移"旋钮可以改变波形（　　）
   A. 垂直方向的幅度　　　　　　　　B. 水平方向的宽度
   C. 垂直方向的位置　　　　　　　　D. 水平方向的位置
6. 如图所示各电流波形，是交流电流的是（　　）

| A | B | C | D |

任务二　认识正弦交流电的三要素

一、填空题

1. 交流电的周期是指_____,用符号_____表示,其单位为_____;交流电的频率是指_____,用符号_____表示,其单位为_____。它们的关系是_____。

2. 我国动力和照明用电的标准频率为_____Hz,习惯上称为工频,其周期是_____s,角频率是_____rad/s。

3. 有效值与最大值之间的关系为_____。

4. 已知某正弦交流电压为:$u=5\sqrt{2}\sin\left(5\pi t+\dfrac{\pi}{4}\right)$V,则该交流电压角频率 ω 为_____,频率 f 为_____,周期 T 为_____。最大值 U_m 为_____,有效值 U 为_____,$t=0$ 时刻的瞬时值 u 为_____,初相位 $\varphi=$_____。

5. 已知正弦交流电压 $u=220\sqrt{2}\sin(314t-30°)$V,它的最大值 $U_m=$_____V,有效值 $U=$_____V,角频率 $\omega=$_____rad/s,频率 $f=$_____Hz,初相位 $\varphi=$_____。

6. 两正弦交流电同相,说明两者相位差为_____;两正弦交流电反相,说明两者相位差为_____。

7. 已知电压 $u_1=311\sin(100\pi t+160°)$V,$u_2=36\sqrt{2}\sin(100\pi t-130°)$V,则有效值 $U_1=$_____V,$U_2=$_____V,周期 $T_1=$_____S,$T_2=$_____S,频率 $f_1=$_____Hz,$f_2=$_____Hz,初相 $\varphi_2=$_____,相位差 $\varphi_{12}=$_____。

8. 正弦交流电的三要素是_____、_____和_____。

二、单选题

1. 交流电变化越快,表明(　　)
   A. 交流电的周期越长　　　　　　　B. 交流电的频率越高
   C. 交流电的角频率越低　　　　　　D. 交流电的相位越大

2. 交流电的周期越长,则说明交流电(　　)
   A. 变化越快　　B. 变化越慢　　C. 频率越高　　D. 初相位越大

3. 已知一正弦交流电压的解析式 $u=110\sqrt{2}\sin(314t+30°)$V,该电压的频率为(　　)
   A. 314 Hz　　B. 100 Hz　　C. 50 Hz　　D. 60 Hz

4. 已知一正弦交流电流的解析式 $i=10\sqrt{2}\sin(314t+30°)$A,该电流的有效值为(　　)
   A. $5\sqrt{2}$ A　　B. 10 A　　C. $10\sqrt{3}$ A　　D. $10\sqrt{2}$ A

5. 两个正弦交流电流的解析式是 $i_1=220\sqrt{2}\sin\left(10\pi t+\dfrac{\pi}{3}\right)$A,$i_2=311\sin\left(10\pi t-\dfrac{\pi}{3}\right)$A。则这两个交流电流相同的量是(　　)
   A. 最大值和初相位
   B. 有效值和初相位
   C. 最大值、有效值和周期
   D. 最大值、有效值、周期和初相位

6. 已知交流电流的有效值为 $5\sqrt{2}$ A,频率 50 Hz,当 $t=0$ 时瞬时值为 5 A,则该电流瞬时值表达式为(　　)

A. $i=5\sqrt{2}\sin(314t+45°)$ A B. $i=5\sqrt{2}\sin(314t-45°)$ A
C. $i=10\sin(314t+30°)$ A D. $i=10\sin(314t-30°)$ A

7. 已知正弦交流电压和电流的瞬时值 $u_1=220\sqrt{2}\sin(314t+30°)$ V, $u_2=50\sin(200t+90°)$ V, $i_1=10\sin(100\pi t+45°)$ A, $i_2=2\sqrt{2}\sin(314t-15°)$ A 则下面正确答案是( )
   A. u_1 超前 i_1 15° B. u_2 超前 i_1 45°
   C. u_1 超前 i_2 45° D. u_2 超前 i_2 105°

8. 若 $i_1=10\sin(\omega t+30°)$ A, $i_2=20\sin(\omega t-10°)$ A, 则 i_1 的相位比 i_2 ( )
   A. 超前 20° B. 滞后 20° C. 超前 40° D. 滞后 40°

9. 已知两个正弦量为 $i_1=20\sin(314t-30°)$ A, $i_2=40\sin(628t-60°)$ A, 则( )
   A. i_1 比 i_2 超前 30° B. i_1 比 i_2 滞后 30°
   C. i_1 比 i_2 超前 90° D. 不能判断相位关系

10. 已知 $u_1=20\sin\left(314t+\dfrac{\pi}{6}\right)$ V, $u_2=40\sin\left(314t-\dfrac{\pi}{3}\right)$ V, 则( )
    A. u_1 比 u_2 超前 30° B. u_1 比 u_2 滞后 30°
    C. u_1 比 u_2 超前 90° D. 不能判断相位差

11. 正弦交流电的三要素是指( )
    A. 电阻、电感和电容 B. 有效值、频率和初相
    C. 电流、电压和相位差 D. 瞬时值、最大值和有效值

12. 正弦交流电压波形如图 7-1 所示,其瞬时值表达式为( )
    A. $u=20\sin(\omega t-180°)$ V
    B. $u=20\sin(\omega t+90°)$ V
    C. $u=20\sin(\omega t-90°)$ V
    D. $u=-20\sin(\omega t-90°)$ V

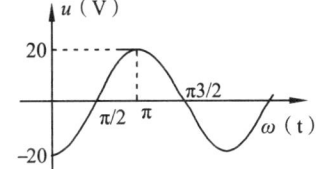

图 7-1

13. 已知一个正弦交流电压波形如图 7-2 所示,其瞬时值表达式为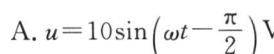
    A. $u=10\sin\left(\omega t-\dfrac{\pi}{2}\right)$ V
    B. $u=-10\sin\left(\omega t-\dfrac{\pi}{2}\right)$ V
    C. $u=10\sin(\omega t+\pi)$ V
    D. $u=10\sin\omega t$ V

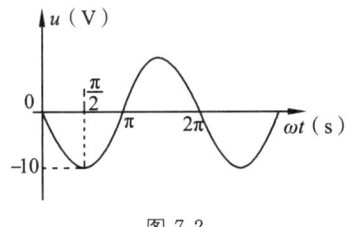

图 7-2

14. 对交流电 $u=380\sin\left(100\pi t-\dfrac{\pi}{2}\right)$ V 的说法正确的是( )
    A. 每秒钟交流电压有 100 次达到最大值 B. 交流电的有效值为 220 V
    C. 其初相位为 π/2 D. 1 s 内交流电压有 50 次过零

15. 已知某交流电流,当 $t=0$ 时的瞬时值 $i_0=10$ A,初相位为 $\varphi_0=30°$,则这个交流电的有效值为( )
    A. 20 A B. $20\sqrt{2}$ A C. 14.14 A D. 10 A

三、判断题

1. 用交流电压表测得交流电压是 220 V，则此交流电压的最大值是 380 V。 （   ）
2. 一只额定电压为 220 V 的白炽灯，可以接到最大值为 311 V 的交流电源上。 （   ）
3. 用交流电表测得交流电的数值是平均值。 （   ）
4. 正弦交流电的三要素为最大值、有效值、周期。 （   ）
5. 正弦交流电的初相位与计时起点的选择有关。 （   ）

四、计算题

1. 求图 7-3 所示交流电的 T、f、ω。

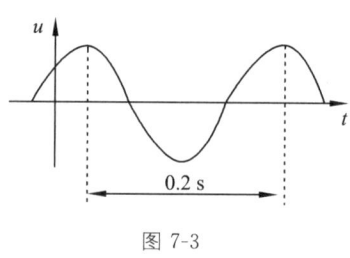

图 7-3

2. 已知 $u_1=311\sin(100\pi t-30°)$ V，$u_2=380\sin(628t-60°)$ V。试分别求它们的 T、f、ω，并判断哪个交流电变化快。

3. 已知正弦交流电压 $u=220\sqrt{2}\sin(100\pi t-30°)$ V。求：(1) U_m 和 U；(2) ω、T、f；(3) 相位和初相位。

4. 如图 7-4 所示为一个正弦交流电流的波形，试根据波形图求出它的周期、频率、角频率、初相、有效值，并写出它的解析式。

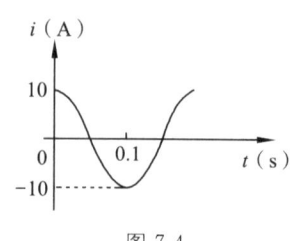

图 7-4

5. 已知正弦交流电动势的最大值为 220 V,频率为 50 Hz,初相位为 30°。试写出此电动势的解析式,并求出 $t=0.01$ s 时的瞬时值。

6. 已知正弦交流电流的有效值为 5 A,周期为 0.2 s,初相为 $\dfrac{\pi}{6}$,写出其瞬时值表达式。

7. 已知两交流电 $u=50\sin\left(100\pi t+\dfrac{2}{3}\pi\right)$ V,$i=5\sin\left(100\pi t-\dfrac{3}{4}\pi\right)$ A,分析二者的相位关系。

8. 正弦交流电动势的波形如图 7-5 所示,写出其解析式。并求 $t=0.1$ s 时的瞬时值。

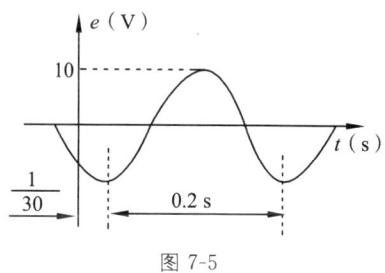

图 7-5

9. 已知正弦交流电流的波形如图 7-6 所示,写出其瞬时值表达式。

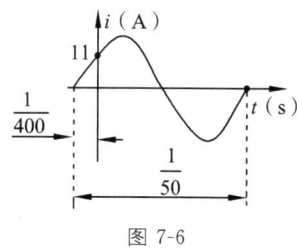

图 7-6

10. 如图 7-7(a)、(b)所示两电流,分别通过阻值相同的两电阻,相同时间内谁产生的热量多?为什么?

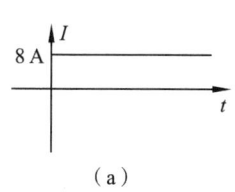

(a)

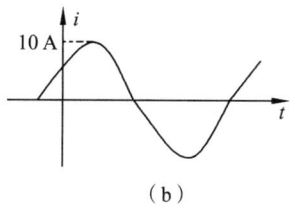

(b)

图 7-7

任务三　会正弦交流电的表示方法

一、填空题

1. 常用的表示正弦交流电的方法有_____、_____和_____，它们都能将正弦交流电的三要素准确地表示出来。

2. 作一个正弦交流电有效值相量图的步骤为：
   (1) 画出 x 轴的正方向作为参考坐标系；
   (2) 从原点作一条有方向的线段。该有向线段与 x 轴正方向的夹角等于正弦交流电的_____；该有向线段长度等于正弦交流电的_____。
   (3) 有效值相量的标注方法为_____。

3. 图7-8所示是正弦交流电压波形，它的周期为 0.02 s，那么它的初相位为_____，电压的最大值为_____，$t=0.01$ s 时电压的瞬时值为_____。

4. 图7-9所示为两个正弦交流电的相量图，已知 $u_1 = 311\sin\left(5\pi t + \dfrac{\pi}{3}\right)$ V，u_2 的有效值为 220 V，其瞬时值的表达式为_____，二者的相位差为_____。

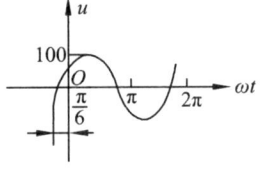
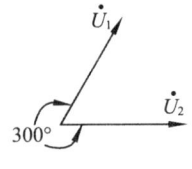

图 7-8　　　　　　　　图 7-9

5. 用相量表示正弦交流电后，它们的加、减运算可按_____法则进行。

二、单选题

1. 电流、电压的相量图如图7-10所示，由图可知(　　)
   A. 在数值上 $U > I$　　　　　　　　B. 电流和电压的相位差为 15°
   C. 电流超前电压 75°　　　　　　　D. 电压超前电流 75°

2. 如图7-11所示，已知 $i_1 = 3\sqrt{2}\sin(\omega t + 180°)$ A，$i_2 = 3\sqrt{2}\sin\omega t$ A，则电流表的读数为(　　)
   A. 6 A　　　　B. $3\sqrt{2}$ A　　　　C. 3 A　　　　D. 0 A

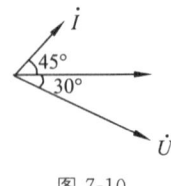
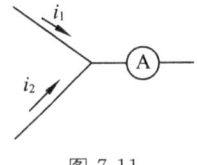

图 7-10　　　　　　　　图 7-11

3. 作在同一相量图中的两个正弦交流电，必须相同的量为(　　)
   A. 有效值　　　　B. 初相位　　　　C. 频率　　　　D. 最大值

4. 两个同频率的正弦交流电流 i_1 和 i_2 的有效值分别为 40 A 和 30 A，若 $i_1 + i_2$ 的有效值为 70 A，则 i_1 与 i_2 的相位差为(　　)
   A. 0°　　　　B. 180°　　　　C. 90°　　　　D. 45°

5. 在正弦量的有效值相量图表示法中,下列说法正确的是(　　)
   A. 相量的长度等于正弦量的最大值
   B. 相量的长度等于正弦量的有效值
   C. 相量与 X 轴的夹角等于正弦量的相位
   D. 相量与 X 轴的夹角等于正弦量的初相位

6. 若 $i=i_1+i_2$,且 $i_1=10\sin\omega t$ A,$i_2=10\sin(\omega t+60°)$ A,则 i 的有效值为(　　)
   A. 20 A   B. 10 A   C. $10\sqrt{3}$ A   D. $5\sqrt{6}$ A

三、分析作图题

在同一坐标系中分别作出下列两组正弦交流电的相量图,并求其相位差,说明它们的相位关系。

(1) $u_1=20\sin\left(314t+\dfrac{\pi}{6}\right)$V,$u_2=40\sin\left(314t-\dfrac{\pi}{3}\right)$V

(2) $i_1=4\sin\left(314t+\dfrac{\pi}{2}\right)$A,$i_2=8\sin\left(314t-\dfrac{\pi}{2}\right)$A

四、计算题

1. 如图 7-12 所示串联交流电路,已知:$u_1=3\sqrt{2}\sin\left(10\pi t-\dfrac{\pi}{3}\right)$V,$u_2=4\sqrt{2}\sin\left(10\pi t+\dfrac{\pi}{6}\right)$V。求总电压 u 的瞬时值表达式。

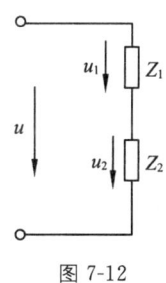

图 7-12

2. 已知：$i_U = 10\sqrt{2}\sin\omega t$ A，$i_V = 10\sqrt{2}\sin(\omega t - 120°)$ A，$i_W = 10\sqrt{2}\sin(\omega t + 120°)$ A。作出三个电流的相量图，并求 $i = i_U + i_V + i_W$。

3. 如图 7-13 所示两电路，已知 $i_1 = 3\sqrt{2}\sin(10\pi t + 180°)$ A，$i_2 = 3\sqrt{2}\sin 10\pi t$ A。求：(1)(a)、(b)两图中电流表的读数各为多少？(2)若 $i_2 = 3\sqrt{2}\sin(10\pi t + 90°)$ A，结果又如何？

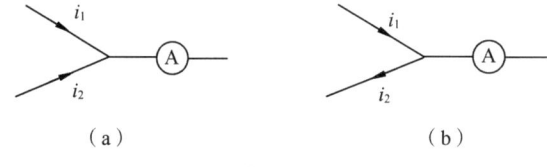

图 7-13

项目八 分析单相正弦交流电路

任务一 分析单一元件正弦交流电路

1 纯电阻单相正弦交流电路

一、填空题

1. 纯电阻正弦交流电路中,电压有效值与电流有效值之间的关系为_____,电压与电流在相位上的关系为_____。
2. 在纯电阻电路中,已知端电压 $u=311\sin(314t+30°)$ V,其中 $R=1\ 000\ \Omega$,那么电流 $i=$_____,电压与电流的相位差 $\varphi=$_____,电阻上消耗的功率 $P=$_____ W。
3. 平均功率是指_____平均功率又称_____。
4. 在纯电阻交流电路中,电压和电流的大小关系为 $i=$_____、$I=$_____、$I_m=$_____;相位关系为_____,电压和电流的相位差为_____,当频率增加时,相位差将_____。
5. 把 110 V 的交流电压加在 55 Ω 的电阻上,则电阻上 $U_m=$_____,电流 $I=$_____。
6. 已知流过纯电阻元件的电流 $i=5\sqrt{2}\sin(314t-60°)$ A,电阻 $R=2\ \Omega$,则电阻两端电压有效值 $U=$_____,电压初相位为_____,电压的瞬时值表达式为 $u=$_____,电阻消耗的有功功率为_____。
7. 在纯电阻交流电路中,电压 $u=20\sqrt{2}\sin314t$ V,电流 $I=5$ A,则电流的瞬时值表达式为 $i=$_____,电阻 $R=$_____,电阻消耗的有功功率为_____。

二、单选题

1. 在纯电阻正弦交流电路中,下列关系式正确的是(   )
   A. $I_m=\dfrac{U}{R}$ B. $I=\dfrac{U}{R}$ C. $i=\dfrac{U}{R}$ D. $I=\dfrac{U_m}{R}$

2. 在纯电阻正弦交流电路中,电压与电流的相位关系为(   )
   A. 电压超前电流 90°   B. 电压和电流同相
   C. 电压滞后电流 90°   D. 取决于频率高低

3. 在纯电阻正弦交流电路中,下列说法正确的是(   )
   A. 电阻与频率有关,且频率增高时,电阻增大
   B. u 与 i 的初相位一定为零
   C. 电压的频率为 50 Hz,则电流的频率也为 50 Hz
   D. 电流与电压的关系为 $i=\dfrac{U}{R}$

4. 已知流过 2 Ω 电阻的电流 $i=6\sin(314t+45°)$ A,则两端电压 u 为(   )
   A. $u=12\sin(314t+45°)$ V   B. $u=12\sin314t$ V
   C. $u=12\sqrt{2}\sin(314t+45°)$ V   D. $u=12\sin(314t-45°)$ V

5.表示纯电阻上电压与电流关系的相量图为(　　)

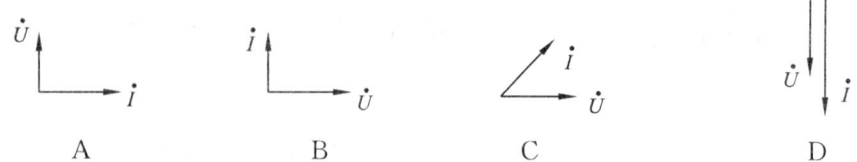

    A   B   C   D

6.某电阻两端的电压 $u=220\sqrt{2}\sin(314t+45°)$ V,流过的电流为 $i=2\sqrt{2}\sin(314t+45°)$ A,则电阻消耗的功率为(　　)

  A. 440 W   B. 880 W   C. 0 W   D. 无法确定

7.将"220 V,500 W"的电炉丝接到电压 $u=220\sin(314t+45°)$ V 的电源上,电炉丝的功率(　　)

  A. 等于 500 W   B. 大于 500 W   C. 小于 500 W   D. 无法确定

8.已知一个电阻上的电压 $u=10\sqrt{2}\sin\left(314t-\dfrac{\pi}{2}\right)$ V,测得电阻消耗的功率为 20 W,则这个电阻的阻值为(　　)

  A. 5 Ω   B. 10 Ω   C. 40 Ω   D. 50 Ω

9.已知交流电流的解析式为 $i=4\sqrt{2}\sin(314t-45°)$ A,当它通过 $R=2$ Ω 的电阻时,电阻上消耗的功率是(　　)

  A. 32 W   B. 8 W   C. 16 W   D. 10 W

三、计算题

1.某电阻 $R=20$ Ω,接到电压 $u=220\sqrt{2}\sin\left(314t-\dfrac{2\pi}{3}\right)$ V 的电源上。求:(1)电流的有效值;(2)电流的瞬时值表达式;(3)画出电压、电流的相量图。

2.一只"220 V,100 W"的灯泡,接到电压 $u=220\sqrt{2}\sin(314t+60°)$ V 的电源上。求:(1)灯泡的电阻;(2)电流的瞬时值表达式;(3)画出电压、电流的相量图。

2 纯电感单相正弦交流电路

一、填空题

1. 在纯电感正弦交流电路中，电压有效值与电流有效值之间的关系为_____，电压与电流在相位上的关系为_____。

2. 电感元件对电流的阻碍作用称为_____，用符号_____表示，单位为_____。

3. 感抗与频率成_____比，感抗 $X_L=$_____，单位是_____。若线圈的电感为 $L=0.6$ H，把它接在 50 Hz 的交流电路中，其感抗 $X_L=$_____，接在 500 Hz 的交流电路中，其感抗 $X_L=$_____。

4. 一个纯电感线圈若接在直流电源上，其感抗 $X_L=$_____，此时电感相当于_____。

5. 在纯电感交流电路中，电压与电流相位关系为：电压_____电流 90°，当频率增加时，相位差将_____。

6. 在正弦交流电路中，流过纯电感元件的电流 $I=5$ A，电压 $u=20\sqrt{2}\sin 314t$ V，则感抗 $X_L=$_____ Ω，电感量 $L=$_____ H。

7. 在正弦交流电路中，加在纯电感元件两端的电压 $U=220$ V，电流 $i=20\sqrt{2}\sin 1\,000t$ A，则电压 $u=$_____，感抗 $X_L=$_____ Ω，电感量 $L=$_____ H。

8. 已知流过纯电感元件的电流 $i=5\sqrt{2}\sin(314t-60°)$ A，感抗 $X_L=2$ Ω，则电感两端电压有效值 $U=$_____，电压初相位为_____，电压的瞬时值表达式为 $u=$_____，电感消耗的有功功率为_____ W，无功功率为_____ Var。

二、单选题

1. 在正弦交流电路中，关于电感的感抗说法正确的是（　　）
   A. 感抗大小与频率无关　　B. 频率增高时，感抗增大
   C. 频率增高时，感抗减小　　D. 电感量增大时，感抗减小

2. 在纯电感正弦交流电路中，已知电流的初相位为 −60°，则电压的初相位为（　　）
   A. 30°　　B. 60°　　C. 90°　　D. 120°

3. 在纯电感正弦交流电路中，以下关系式正确的是（　　）
   A. $i=\dfrac{u}{\omega L}$　　B. $I=\dfrac{U_m}{\omega L}$　　C. $U=\omega LI$　　D. $I=\dfrac{U}{L}$

4. 在纯电感正弦交流电路中，当电流 $i=\sqrt{2}I\sin 314t$ A 时，则电压 u 为（　　）
   A. $u=\sqrt{2}IL\sin\left(314t+\dfrac{\pi}{2}\right)$ V　　B. $u=\sqrt{2}I\omega L\sin\left(314t-\dfrac{\pi}{2}\right)$ V
   C. $u=\sqrt{2}I\omega L\sin\left(314t+\dfrac{\pi}{2}\right)$ V　　D. $u=\sqrt{2}I\omega L\sin 314t$ V

5. 在纯电感正弦交流电路中，当电压为零时，电流为（　　）
   A. 0　　B. 最大值　　C. 最大值一半　　D. 无法确定

6. 在纯电感正弦交流电路中，电压有效值不变，增加电源频率时，电路中电流将（　　）
   A. 增大　　B. 减小　　C. 不变　　D. 无法确定

7. 加在感抗为 20 Ω 的纯电感两端的电压 $u=10\sin(\omega t+30°)$ V，则通过它的电流瞬时值为 (   )

    A. $i=0.5\sin(\omega t-60°)$ A   B. $i=0.5\sin(2\omega t-60°)$ A

    C. $i=0.5\sin(\omega t-30°)$ A   D. $i=200\sin(\omega t+120°)$ A

8. 表示纯电感元件电压与电流关系的相量图为(   )

        A   B   C   D

9. 下列说法正确的是(   )

    A. 无功功率是无用的功率   B. 无功功率是瞬时功率的平均值

    C. 无功功率是瞬时功率的最大值   D. 纯电感电路的无功功率为零

10. 已知某元件上电压 $u=80\sqrt{2}\sin(314t+60°)$ V，流过的电流 $i=\sqrt{2}\sin(314t-30°)$ A，则该元件消耗的有功功率 P 为(   )

    A. 160 W   B. 80 W   C. 0   D. $160\sqrt{2}$ W

11. 下列关于纯电感交流电路说法正确的是(   )

    A. 在纯电感电路中，电压、电流的有效值、最大值、瞬时值均满足欧姆定律

    B. 在纯电感电路中，电压、电流的有效值、最大值满足欧姆定律，瞬时值不满足欧姆定律

    C. 纯电感的感抗与频率成反比

    D. 纯电感在一个周期内的无功功率为 0

三、计算题

1. 把一个纯电感线圈，接到 $u=220\sqrt{2}\sin\left(100\pi t+\dfrac{\pi}{3}\right)$ V 的电源上，线圈的电感量是 0.35 H。试求：(1)线圈的感抗；(2)电流的有效值；(3)电流的瞬时值表达式；(4)画出电压、电流的相量图。

2. 把电感量为 10 mH 的纯电感线圈接到 $u=141\sin\left(1\,000t-\dfrac{\pi}{6}\right)$ V 的电源上。试求：(1)电流的有效值；(2)电流的瞬时值表达式；(3)画出电压、电流的相量图；(4)有功功率；(5)无功功率。

3. 一个 $L=0.5$ H 的线圈接到 220 V、50 Hz 的交流电源上。求：(1)线圈中的电流和功率；(2)当电源频率变为 100 Hz 时，其他条件不变，线圈中的电流和功率又是多少？

3 纯电容单相正弦交流电路

一、填空题

1. 在纯电容交流电路中，电压有效值与电流有效值之间的关系为_____，电压与电流在相位上的关系为_____。
2. 电容元件对电流的阻碍作用称为_____，用符号_____表示，单位为_____。
3. 容抗与频率成_____比，用公式表示为 $X_C=$_____$=$_____。
4. 一个纯电容接在直流电源上，其容抗 $X_C=$_____，此时电容相当于_____。因此电容器具有_____特性。
5. 将 $C=100$ μF 的电容器，分别接在频率为 100 Hz、1 000 Hz 的交流电路中，它们的容抗分别为_____ Ω 和_____ Ω。
6. 在纯电容交流电路中，电压与电流相位关系为：电压_____电流 90°，当频率增加时，相位差将_____。
7. 在纯电容正弦交流电路中，电流 $I=10$ A，电压 $u=20\sqrt{2}\sin 314t$ V，则容抗 $X_C=$_____ Ω，电容量 $C=$_____ F $=$_____ μF。
8. 在纯电容正弦交流电路中，电压 $U=220$ V，电流 $i=20\sqrt{2}\sin 1\,000t$ A，则电压 $u=$_____，容抗 $X_C=$_____ Ω，电容量 $C=$_____ F $=$_____ μF。
9. 已知流过纯电容元件的电流 $i=5\sqrt{2}\sin(314t-60°)$ A，容抗 $X_C=2$ Ω，则电容两端电压有效值 $U=$_____，电压初相位为_____，电压的瞬时值表达式为 $u=$_____，电容消耗的有功功率为_____ W，无功功率为_____ Var。
10. 图 8-1 所示是正弦交流电路的波形图和相量图，其中(a)为_____电路波形图；(b)为_____电路波形图；(c)为_____电路相量图；(d)为_____电路相量图；(e)为_____电路相量图。

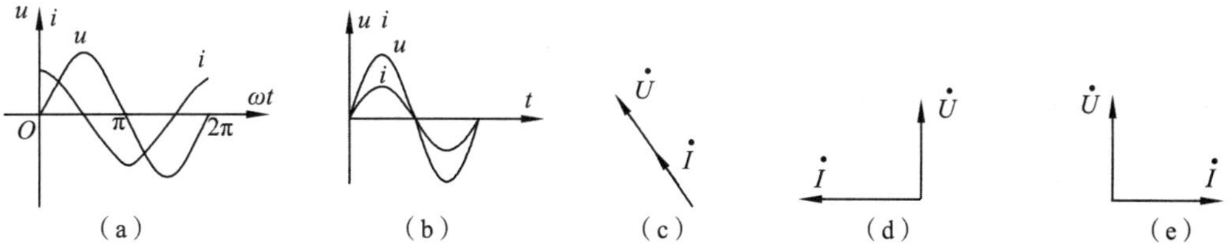

图 8-1

二、单选题

1. 在正弦交流电路中,关于电容的容抗说法正确的是（　　）
   A. 容抗大小与频率无关　　　　　　　B. 频率增高时,容抗增大
   C. 频率增高时,容抗减小　　　　　　D. 电容量增大时,容抗增大

2. 在纯电容正弦交流电路中,已知电流的初相位为 60°,则电压的初相位为（　　）
   A. $-30°$　　　　B. $-60°$　　　　C. $90°$　　　　D. $120°$

3. 在纯电容正弦交流电路中,以下关系式正确的是（　　）
   A. $i=\dfrac{u}{X_C}$　　　B. $I=\dfrac{U}{\omega C}$　　　C. $I=\omega CU$　　　D. $I=\dfrac{U}{C}$

4. 加在容抗为 20 Ω 的纯电容两端的电压 $u=10\sin(\omega t+30°)$ V,则通过它的电流瞬时值为（　　）
   A. $i=200\sin(\omega t+120°)$ A
   B. $i=0.5\sin(\omega t-60°)$ A
   C. $i=0.5\sin(\omega t-30°)$ A
   D. $i=0.5\sin(\omega t+120°)$ A

5. 下面表示纯电容元件电压与电流关系的相量图为（　　）

   A　　　　　　　　B　　　　　　　　C　　　　　　　　D

6. 电路中某元件两端的电压 $u=10\sin\left(314t-\dfrac{\pi}{2}\right)$ V,电流 $i=4\sin 314t$ A,则该元件为（　　）
   A. 电阻　　　　B. 电容　　　　C. 电感　　　　D. 无法确定

7. 在纯电容正弦交流电路中,电压有效值不变,增加电源频率时,电路中电流将（　　）
   A. 增大　　　　B. 减小　　　　C. 不变　　　　D. 无法确定

8. 在纯电容正弦交流电路中,下列说法正确的是（　　）
   A. 电容器隔交流、通直流　　　　　　B. 电容器的容抗单位为欧姆
   C. 电流滞后电压 90°　　　　　　　　D. 电流与电压的关系为 $i=\dfrac{U}{X_C}$

9. 在纯电容正弦交流电路中,电容两端的电压与电流相同的物理量是（　　）
   A. 有效值　　　　B. 最大值　　　　C. 频率　　　　D. 初相位

10. 如果电容元件上所加交流电频率由 50 Hz 增加到 500 Hz,则容抗（　　）
    A. 增加 100 倍
    B. 增加 10 倍
    C. 减小为原来的 $\dfrac{1}{100}$
    D. 减小为原来的 $\dfrac{1}{10}$

11. 在纯电容正弦交流电路中,当电压和频率一定时,则（　　）
    A. 电容量越大,电路中电流越大　　　B. 电容量越大,电路中电流越小
    C. 电容量越小,电路中电流越大　　　D. 电流大小与电容量大小无关

12. 加在容抗为 100 Ω 的纯电容两端的电压 $u_c=100\sin\left(\omega t-\dfrac{\pi}{3}\right)$ V,则通过它的电流应是（　　）
    A. $i_c=\sin\left(\omega t+\dfrac{\pi}{3}\right)$ A
    B. $i_c=\sin\left(\omega t+\dfrac{\pi}{6}\right)$ A

C. $i_c=\sqrt{2}\sin\left(\omega t+\dfrac{\pi}{3}\right)$ A D. $i_c=\sqrt{2}\sin\left(\omega t+\dfrac{\pi}{6}\right)$ A

13. 若电路中某元件两端的电压 $u=36\sin(314t-180°)$ V,电流 $i=4\sin(314t+180°)$ A,则该元件是( )
    A. 纯电阻　　　　B. 纯电感　　　　C. 电容性　　　　D. 电感性

14. 交流电路中某元件上的电压和电流分别为 $u=-10\sin(314t+150°)$ V, $i=2\sin(\omega t+60°)$ A,则该元件的性质是( )
    A. 电感性元件　　B. 电容性元件　　C. 电阻性元件　　D. 纯电容元件

15. 对交流电来说,下列说法正确的是( )
    A. 交流电的频率越高,纯电阻对其的阻碍作用越大
    B. 交流电的频率越高,纯电容对其的阻碍作用越大
    C. 交流电的频率越高,纯电感对其的阻碍作用越大
    D. 纯电阻、纯电容、纯电感对交流电的阻碍作用与频率无关

三、计算题

1. 把 $C=100$ μF 的电容器,接到 $u=220\sqrt{2}\sin 1\,000\,t$ V 的电源上。试求:(1)电容的容抗;(2)电流的有效值;(3)电流的瞬时值表达式;(4)画出电压、电流的相量图;(5)有功功率;(6)无功功率。

2. 电容器的电容 $C=40$ μF,把它接到 $u=220\sqrt{2}\sin\left(314t-\dfrac{\pi}{3}\right)$ V 的电源上。试求:(1)电容的容抗;(2)电流的有效值;(3)电流瞬时值表达式;(4)作出电流、电压相量图;(5)电路的无功功率。

任务二 分析串联正弦交流电路

1 $R-L$ 串联正弦交流电路

一、填空题

1. 在 $R-L$ 串联交流电路中,已知电阻 $R=6\ \Omega$,$X_L=8\ \Omega$,则电路的阻抗 $|Z|=$_____;总电压与电流的相位差 $\varphi=$_____,且电压_____电流。如果总电压 $u=20\sqrt{2}\sin(314t+30°)$ V,则电流 $I=$_____ A,$i=$_____;电阻上电压 $U_R=$_____,电感上电压 $U_L=$_____。

2. $R-L$ 串联交流电路中,总电压 $\dot{U}$ 和各部分电压 $\dot{U}_R$、$\dot{U}_L$ 构成一个_____三角形,称为_____,总电压和各部分电压之间的关系为 $U=$_____;总阻抗 $|Z|$、电阻 R、感抗 X_L 也组成一个_____三角形,称为_____;它们之间的关系为 $|Z|=$_____;总电压与总电流之间的数量关系为 $I=$_____。

3. $R-L$ 串联交流电路中,总电压与总电流之间的相位关系为_____,其相位差 $\varphi=$_____,当频率增加时,相位差将_____。

4. 如图 8-2 所示,已知 $u=28.28\sin(\omega t+45°)$ V,$R=4\ \Omega$,$X_L=3\ \Omega$,则各电流表、电压表的读数为:Ⓥ的读数为_____;Ⓐ的读数为_____;Ⓥ₁的读数为_____;Ⓥ₂的读数为_____。

5. 如图 8-3 所示,Ⓥ₁的读数为 6 V,Ⓥ₂的读数为 8 V,则Ⓥ的读数为_____。

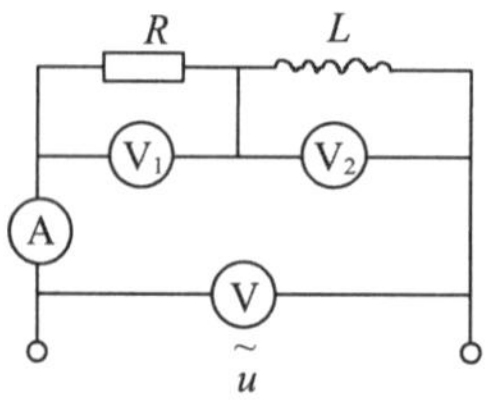

图 8-2 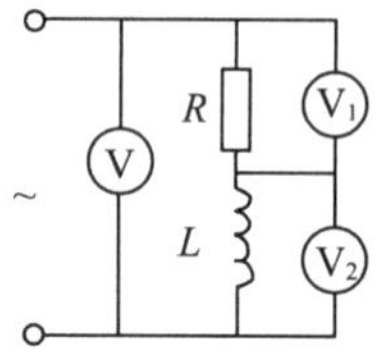   图 8-3

二、单选题

1. $R-L$ 串联交流电路中,电阻、电感两端的电压均为 100 V,则总电压为(　　)
   A. 200 V   B. 100 V   C. 141.4 V   D. 150 V

2. $R-L$ 串联交流电路中,正确的表达式是(　　)
   A. $I=\dfrac{U}{R+X_L}$ B. $I=\dfrac{U}{\sqrt{R^2+X_L^2}}$ C. $i=\dfrac{u}{|Z|}$ D. $|Z|=R+X_L$

3. 关于 $R-L$ 串联交流电路,说法错误的是(　　)
   A. U_R、U_L 相位互差 $90°$,因此不能直接相加
   B. 根据阻抗三角形可得:$|Z|=\sqrt{R^2+X_L^2}$
   C. 频率增加时,电路的总阻抗增大
   D. 总电压与总电流的相位差与频率无关

4. 如图 8-4 所示的正弦交流电路,交流电压表 V_1 的读数为 50 V,V_2 的读数为 40 V,则 V_3 的读数为(　　)
   A. 90 V   B. 30 V   C. 50 V   D. 10 V

5. 如图 8-5 所示电路,当交流电压的大小不变而频率降低时,电压表的读数将(　　)
   A. 增大　　　　　B. 减小　　　　　C. 不变　　　　　D. 无法确定

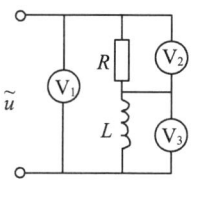
图 8-4

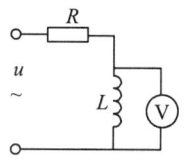
图 8-5

6. 在 $R-L$ 串联电路中,当电路参数 R、L 一定时,能改变阻抗三角形形状的方法是(　　)
   A. 改变电源电压的有效值　　　　　B. R、L 位置调换
   C. 改变电源的频率　　　　　　　　D. 以上都不对

三、计算题

1. 如图 8-6 所示,$L=0.025\ 5$ H,$R=6\ \Omega$,电源频率 $f=50$ Hz,电压 $U=120$ V。求:(1)电路中的电流;(2)画出电压与电流的相量图。

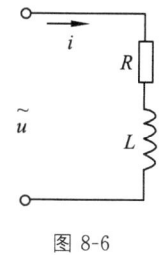
图 8-6

2. 在 $R-L$ 串联电路中,已知 $R=60\ \Omega$,$X_L=80\ \Omega$,端电压 $u=220\sqrt{2}\sin(314t+30°)$ V。求:(1)电路的阻抗 $|Z|$;(2)电流的有效值 I;(3)电路的有功功率 P。

3. $R-L$ 串联交流电路,已知:电感 $L=80$ mH,电阻 $R=60\ \Omega$,流过的电流为 $i=2\sqrt{2}\sin(1000t+30°)$ A。试求:(1)电压有效值 U_R,U_L 和 U;(2)电压瞬时值表达式 u_R,u_L,u;(3)画出总电压和总电流的相量图;(4)电路的有功功率、无功功率、视在功率和功率因数。

2 R－C串联正弦交流电路

一、填空题

1. 在$R-C$串联正弦交流电路中,已知电阻$R=8\ \Omega$,容抗$X_C=6\ \Omega$,则电路阻抗$Z=$ _____ Ω,总电压与电流的相位差$\varphi=$ _____,且电压 _____ 电流。如果电压$u=20\sqrt{2}\sin\left(314t+\dfrac{\pi}{6}\right)$ V,则电流$i=$ _____,电阻上电压$U_R=$ _____,电容上电压$U_C=$ _____。

2. 在图8-7所示各图中,V_1、V_2的读数均为6 V和8 V,则各图中V的读数分别为:(a)图 _____,(b)图 _____,(c)图 _____,(d)图 _____,(e)图 _____。

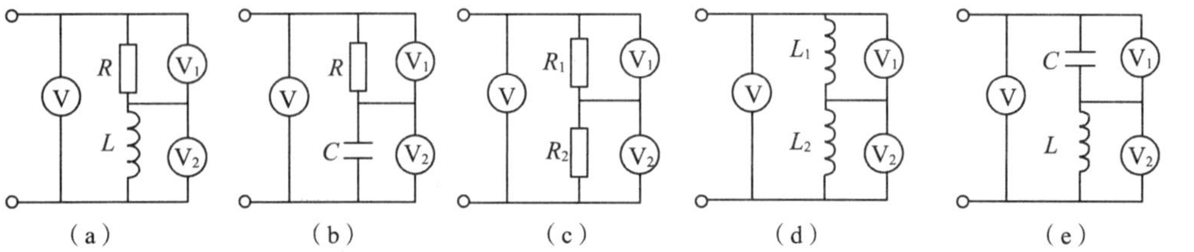

图8-7

二、单选题

1. 交流电路的功率因数等于( )
   A. 瞬时功率与视在功率之比
   B. 无功功率与视在功率之比
   C. 电路的电压与电流相位差的余弦
   D. 电路的电压与电流相位差的正弦

2. 在图8-8所示的交流电路中,当交流电的频率减小时,白炽灯的亮度将( )
   A. 变亮　　　　B. 变暗　　　　C. 不变　　　　D. 忽亮忽暗

3. 在图8-9所示的交流电路中,端电压u与电路中电流i的相位差为( )
   A. 0°　　　　B. 90°　　　　C. 180°　　　　D. 45°

4. 如图8-10所示,当交流电源的电压为220 V,频率为50 Hz时,三只白炽灯的亮度相同,现将交流电的频率改为100 Hz,则下列说法正确的为( )
   A. A、B、C灯均比原来亮
   B. A灯比原来亮,C灯和原来一样亮
   C. B灯比原来亮,C灯和原来一样亮
   D. A、B、C灯和原来一样亮

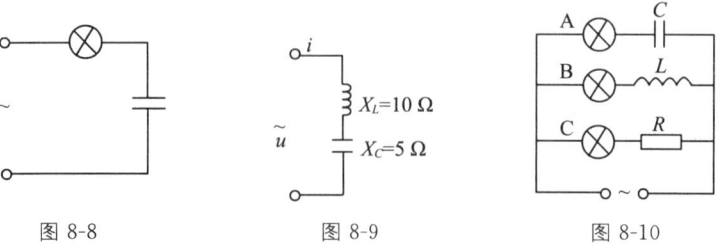

图8-8　　　　　图8-9　　　　　图8-10

三、计算题

1. 将一个阻值为 30 Ω 的电阻和电容为 80 μF 的电容器串联后接到 $u=220\sqrt{2}\sin314t$ V 的电源上。求：(1)电流的瞬时值表达式；(2)电路的有功功率 P、无功功率 Q、视在功率 S。

2. 把一个电阻为 60 Ω 的电阻器和容量为 125 μF 的电容器串联后接到 $u=110\sqrt{2}\sin\left(100t+\dfrac{\pi}{2}\right)$ V 的交流电源上。求：(1)电容的容抗；(2)电路的阻抗；(3)电流的有效值；(4)电流的瞬时值表达式；(5)电路的有功功率、无功功率和视在功率；(6)功率因数；(7)若将 $R-C$ 串联电路改接到 110 V 直流电源上，则电路中电流为多少？

3. 一个 60 V、60 W 的指示灯，欲接到 100 V 的工频交流电源上，为使灯泡正常工作，应串联电容量为多大的电容器来分压？

3　R－L－C 串联正弦交流电路

一、填空题

1. 在 R－L－C 串联交流电路中，$R=30\ \Omega$，$X_L=80\ \Omega$，$X_C=40\ \Omega$，电路的总阻抗为_____，电路的性质为_____，总电压与总电流的相位差 $\varphi=$_____，且电压_____电流。若电源端电压 $u=220\sqrt{2}\sin(314t-30°)$ V，则电流 $i=$_____，$U_R=$_____，$U_C=$_____，$U_L=$_____。

2. 如图 8-11 所示，已知 $u=28.28\sin(\omega t+45°)$ V，$R=8\ \Omega$，$X_L=X_C=6\ \Omega$，则各电流表、电压表的读数为：Ⓥ 的读数为_____；Ⓐ 的读数为_____；Ⓥ₁ 的读数为_____；Ⓥ₂ 的读数为_____；Ⓥ₃ 的读数为_____；Ⓥ₄ 的读数为_____；Ⓥ₅ 的读数为_____。

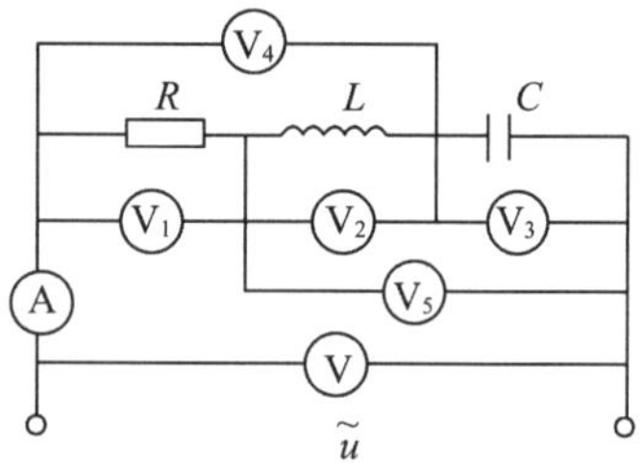

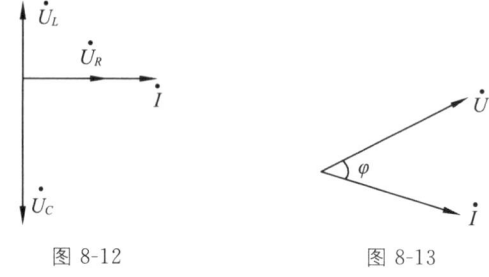

图 8-11

二、单选题

1. R－L－C 串联电路的电流、电压相量图如图 8-12 所示，可知该电路呈现（　　）
   A. 纯电阻性　　B. 纯电感性　　C. 电容性　　D. 电感性

2. 在 R－L－C 串联电路中，端电压与电流的相量图如图 8-13 所示，这个电路是（　　）
   A. 电阻性电路　　B. 电容性电路　　C. 电感性电路　　D. 纯电感电路

图 8-12　　图 8-13

3. 在 R－L－C 串联交流电路中，电阻、电感和电容两端的电压都是 100 V，那么电路的总电压是（　　）
   A. 100 V　　B. 300 V　　C. $100\sqrt{3}$ V　　D. $100\sqrt{2}$ V

4. R－L－C 串联交流电路中，端电压 $U=10$ V，$U_R=6$ V，$U_L=16$ V，则 U_C 为（　　）
   A. 8 V　　B. 24 V　　C. 0 V　　D. 8 V 或 24 V

5. R－L－C 串联交流电路中，错误的关系式为（　　）
   A. $u=u_R+u_L+u_C$
   B. $\dot{U}=\dot{U}_R+\dot{U}_L+\dot{U}_C$
   C. $U=U_R+U_L+U_C$
   D. $U=\sqrt{U_R^2+(U_L-U_C)^2}$

6. 关于 R－L－C 串联交流电路，说法错误的为（　　）
   A. $X=X_L-X_C$ 叫电抗，当 $X>0$ 时，电路呈感性
   B. $|Z|=\sqrt{R^2+(X_L-X_C)^2}$
   C. U_L、U_C 的值都有可能大于端电压
   D. 总电压与总电流的相位差与频率无关

7. $R-L-C$ 串联交流电路中,正确的关系式为(　　)

　　A. $P=\dfrac{U^2}{R}$　　　　B. $P=I^2R$　　　　C. $P=U\cdot I$　　　　D. $Q=Q_L+Q_C$

8. 某负载两端的电压 $u=100\sqrt{2}\sin(314t+30°)$ V,流过的电流 $i=10\sqrt{2}\sin 314t$ A,则负载的无功功率为(　　)

　　A. 1 000 Var　　　　B. 800 Var　　　　C. 600 Var　　　　D. 500 Var

9. 下面四个电路中,电源和灯泡是相同的,灯泡最亮的是(　　)

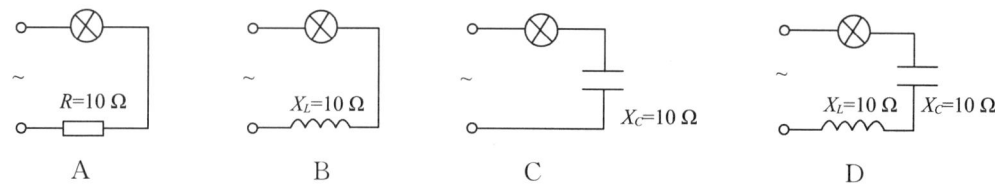

三、判断题

1. 视在功率与有功功率的比值称为功率因数。　　　　　　　　　　　　　　　　(　　)
2. 在 $R-L-C$ 串联电路中电压超前电流 $\pi/2$。　　　　　　　　　　　　　　　(　　)
3. 在 $R-L-C$ 串联电路中,总电压 $U=U_R+U_L+U_C$。　　　　　　　　　　　(　　)
4. 在 $R-L-C$ 串联电路中,若 $X_L>X_C$,则该电路呈电感性。　　　　　　　　(　　)
5. 只有在纯电阻的电路中,端电压与电流的相位差才为零。　　　　　　　　　　(　　)
6. 无功功率即为无用功率。　　　　　　　　　　　　　　　　　　　　　　　　(　　)
7. 在 $R-L-C$ 串联电路中,视在功率、有功功率和瞬时功率三者组成一个直角三角形,称为功率三角形。　　　　　　　　　　　　　　　　　　　　　　　　　　(　　)

四、计算题

1. 在 $R-L-C$ 串联交流电路中,已知:$R=30$ Ω,$X_L=140$ Ω,$X_C=100$ Ω,电源电压 $u=220\sqrt{2}\sin(314t+90°)$ V。试求:(1)电路中电流的有效值 I;(2)电流的瞬时值表达式;(3)有功功率 P 和无功功率 Q。

2. 在 $R-L-C$ 串联电路中,已知电路两端电压 $u=220\sqrt{2}\sin(1\,000t+60°)$ V,电阻 $R=30$ Ω,电感 $L=80$ mH,电容 $C=25$ μF。试求:(1)电路的阻抗;(2)电流的有效值;(3)电流的瞬时值表达式;(4)分析电路的性质;(5)画出总电压与电流的相量图;(6)有功功率、无功功率、视在功率和功率因数。

3. 电路如图 8-14 所示,已知电源电压 $U=120$ V,频率 $f=50$ Hz,容抗 $X_C=48$ Ω,开关 S 合上或断开时,电流表的读数均为 4 A。求:(1)电阻 R 和电感 L 的值;(2)当 S 断开时,判断电路阻抗的性质。

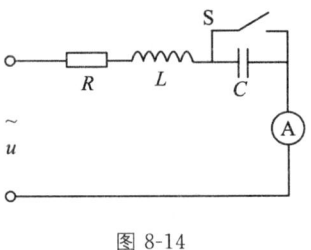

图 8-14

4　R－L－C 串联谐振电路

一、填空题

1. 在 $R-L-C$ 串联电路中,总电压与各部分电压的有效值关系为_____,总阻抗为_____,当电路满足_____条件时,电路呈感性,总电压_____(超前或滞后或同相)电流;当电路满足_____条件时,电路呈容性,总电压_____电流;当电路满足_____条件时,电路呈阻性,总电压与电流_____,并称电路的这种状态为_____。此时电路中的阻抗为_____,频率 $f_0=$_____。

2. 串联谐振电路具有以下特点:
   (1)_____;
   (2)_____;
   (3)_____。

3. 通过串联谐振可把某一频率信号从众多的电磁波中_____出来。电路的品质因数 Q 值越大_____越好,但_____就会越窄。对实际电路要兼顾_____和_____,选取合适的 Q 值。

4. 提高功率因数的意义在于:(1)可以提高_____的利用率;(2)可以减少_____,提高供电效率。目前广泛应用的提高功率因数的方法是在感性负载两端_____。

5. 在电源电压一定的情况下,对于相同功率的负载,功率因素越低,供电电流越_____,供电线路上的电压降和功率损耗也越_____。

二、单选题

1. 将一电感性负载接到 $f=100$ Hz 的交流电源上,功率因数 $\cos\Phi=0.5$,若将电源频率变为 50 Hz(电路仍呈感性),则功率因数将(　　)
   A. 不变　　　　　　B. 变小　　　　　　C. 变大　　　　　　D. 不能确定

2. 下列交流电路中电压与电流可能同相的电路为(　　)
   A. 纯电容　　　　　　　　　　　　　　B. 纯电感
   C. RL 串联电路　　　　　　　　　　D. $R-L-C$ 串联电路

3. $R-L-C$ 串联电路谐振的条件是(　　)
   A. $\omega L=\omega C$　　B. $L=C$　　C. $\omega L=\dfrac{1}{\omega C}$　　D. $L=\dfrac{1}{C}$

4. 在 $R-L-C$ 串联的交流电路中,当 $X_L=X_C$ 时,电路呈( )
   A. 纯电阻性　　　　B. 纯电感性　　　　C. 纯电容性　　　　D. 电感性

5. 下列各电路,可发生谐振现象的为( )
   A. $R=5\ \Omega,X_L=7\ \Omega,X_C=7\ \Omega$　　　　B. $R=5\ \Omega,X_L=7\ \Omega,X_C=4\ \Omega$
   C. $R=5\ \Omega,X_L=5\ \Omega,X_C=7\ \Omega$　　　　D. $R=7\ \Omega,X_L=5\ \Omega,X_C=7\ \Omega$

6. 如图 8-15 所示交流电路中,S 断开时电路处于谐振状态,则闭合开关 S 后,电压表读数将( )
   A. 增大　　　　B. 减小　　　　C. 不变　　　　D. 无法确定

7. 如图 8-16 所示电路中,电流表的读数分别是 $A_1=6\ \text{A},A_2=2\ \text{A},A_3=10\ \text{A}$,则电流表 A 的读数为( )
   A. 10 A　　　　B. 18 A　　　　C. 2 A　　　　D. 6.2 A

8. 如图 8-17 所示,电路在开关 S 断开时谐振频率为 f_0,在开关 S 闭合后电路的谐振频率为( )
   A. $2f_0$　　　　B. $1/2f_0$　　　　C. f_0　　　　D. $1/4f_0$

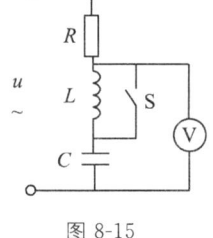
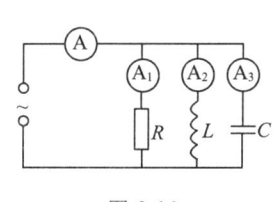
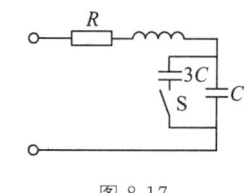

图 8-15　　　　　　　　　　图 8-16　　　　　　　　　　图 8-17

三、分析判断题

如图 8-18 所示交流电路,请分析:S 闭合后(电路仍呈感性),图中各电流表、电压表的读数怎样变化？电路的功率因数怎样变化？

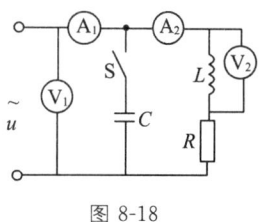

图 8-18

四、计算题

1. 某收音机的输入调谐电路如图 8-19 所示,已知 $L=260\ \mu\text{H}$,如果要收听某电台 990 kHz 的广播,试问可变电容 C 应该调为多大？

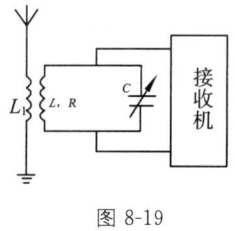

图 8-19

2. 电阻、电感与电容串联电路参数为 $R=10\ \Omega$,$L=0.3\ \text{mH}$,$C=100\ \text{pF}$,外加交流电压有效值为 $U=10\ \text{V}$。试求:在其发生串联谐振时的谐振频率 f_0、品质因数 Q、电感电压 U_L、电容电压 U_C 及电阻电压 U_R。

3. 某工厂供电变压器至发电厂间的输电线的电阻为 $5\ \Omega$,发电厂以 $10\ \text{kV}$ 的电压输送 $500\ \text{kW}$ 的功率。当功率因数为 0.6 时,输电线的功率损耗是多大?若将功率因数提高到 0.9,每年能节约多少电能?

任务三　认识常用的电光源及荧光灯的安装

一、填空题

1. 常用的电光源有＿＿＿＿＿＿＿、＿＿＿＿＿＿＿和＿＿＿＿＿＿＿三大类。

2. 白炽灯是应用最早的一种电光源,它是根据＿＿＿＿＿原理制成的。优点是＿＿＿＿、＿＿＿＿、＿＿＿＿、＿＿＿＿等,缺点是＿＿＿＿、＿＿＿＿、＿＿＿＿等。

3. 荧光灯是最为常见的照明灯具,主要由＿＿＿＿、＿＿＿＿、＿＿＿＿、＿＿＿＿四部分组成。优点是＿＿＿＿、＿＿＿＿、＿＿＿＿等,缺点是＿＿＿＿＿＿＿＿＿＿。

4. 节能灯又叫＿＿＿＿＿,是＿＿＿＿＿＿和＿＿＿＿＿＿一体化的新型电光源。优点是＿＿＿＿＿、＿＿＿＿＿、＿＿＿＿＿、＿＿＿＿＿等。

5. LED 灯是一种新型的节能型电光源,现正在逐步取代传统的电光源。LED 灯是利用＿＿＿＿＿＿发光的,优点是＿＿＿＿、＿＿＿＿、＿＿＿＿、＿＿＿＿、＿＿＿＿、＿＿＿＿等,正在得到快速普及和发展。

6. 高压汞灯、高压钠灯与荧光灯一样同属于＿＿＿＿＿。适用于较大面积照明,例如＿＿＿＿、＿＿＿＿、＿＿＿＿等场所。与高压汞灯相比高压钠灯有＿＿＿＿＿和＿＿＿＿＿的优点,更适用于＿＿＿＿＿、＿＿＿＿＿的场所照明。

二、简答作图题

1. 常用的电光源可以分为哪几类?

2.高压钠灯的最大优点是什么？常用于哪些场合？

3.简述 LED 电光源的特点。

4.画出荧光灯的工作原理图,简述荧光灯的发光原理及各组成部件的作用。

5.请将图 8-20 所示荧光灯电路补画完整。

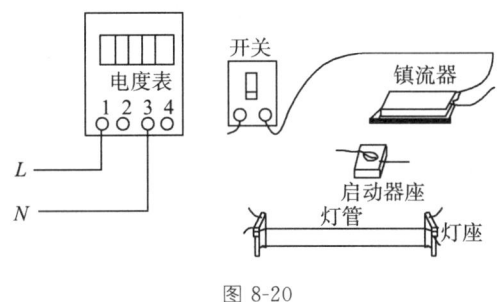

图 8-20

6.请将图 8-21 中单相电能表和电子镇流器式荧光灯的接线补充完整。

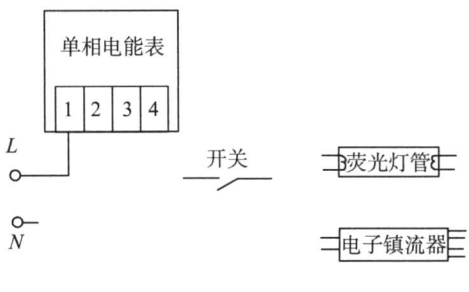

图 8-21

任务四　安装照明电路配电板

一、填空题

1.照明电路配电板一般由_____、_____、_____等组成。

2.电能表又叫_____,是用来计量在一段时间内负载消耗_____的测量仪表。

3.单相电能表的接线盒里共有四个接线柱,从左到右按 1、2、3、4 编号,接线方法一般按_____、_____的方法接线。

4.随着电子工业的发展,电能表正在向_____、_____、_____和_____的方向发展,近年来_____已经得到广泛应用。

5. 安装 HK 系列刀开关时,手柄要_____,不得_____或_____;开关距地面的高度为_____;接线时电源线接在_____,负载接在熔丝_____;更换熔体时,必须在闸刀断开的情况下按原规格更换。

6. 低压断路器又叫_____,当电路发生_____、_____和_____等故障时,能自动切断电路(俗称跳闸),保护功能多。

7. 熔断器在电路中用来作_____。使用时,熔断器应_____在所保护的电路中。熔断器主要由_____、_____和_____三部分组成。

二、单选题

1. 电度表可以测量(　　)
   A. 电功率　　　　　　B. 电能　　　　　　C. 电荷量　　　　　　D. 电容量

2. 某月电度表的抄表读数是 3 856 度,下列说法正确的是(　　)
   A. 用电设备的功率为 3 856 W　　　　B. 3 856 度与上月读数之差为本月耗电量
   C. 电度表本月耗电 3 856 度　　　　　D. 电度表本身不消耗电能

3. 关于电度表说法错误的是(　　)
   A. 电度表的接线规则是"1、3 入,2、4 出"
   B. 电度表应安装在电源总开关的后面,方便更换
   C. 利用电度表可以估算出用电器的功率
   D. 电度表使用前必须经过当地供电部门的校验

三、简答作图题

1. 照明电路配电板主要由哪几部分组成？各部分的作用是什么？

2. 某电能表上标着"220 V,3 A"字样,电路中接入 40 W 电灯 5 盏,70 W 彩电一台,100 W 电冰箱一台,500 W 电热器一个。这些用电器同时使用,电能表还能安全工作吗？

3. 某同学想测量 HL1、HL2 两只灯泡消耗的电能,灯泡的额定电压均为 220 V,请帮他完成原理图 8-22 和实物图 8-23 的连线。

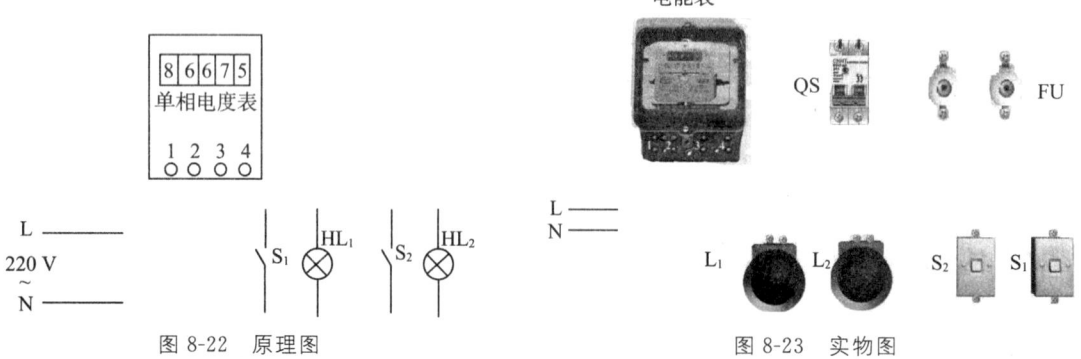

图 8-22　原理图　　　　　　　　　　　　图 8-23　实物图

4. 某同学想安装一只白炽灯和一个荧光灯,并用电能表来测量它们的电能。
   (1) 请帮他在图 8-24 所示的原理图中进行正确连线;
   (2) 过一段时间后,电能表示数变为图 8-25 所示,若当地的照明用电价格0.55 元/kW·h,问这段时间应交多少电费?

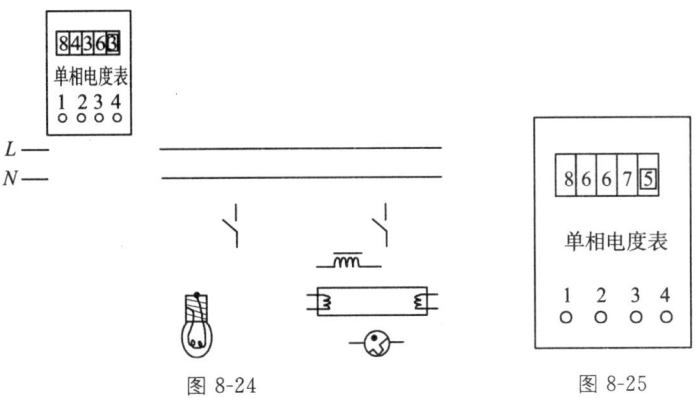

图 8-24　　　　　图 8-25

5. 某家庭电路要安装一只白炽灯、一个两孔插座,一个三孔插座,用电能表计算电能、用熔断器作短路保护,用闸刀开关作总隔离开关。请说明如图 8-26 所示电路中 A、B、C 处需要安装器件的名称;指出已连接器件中的接线错误。

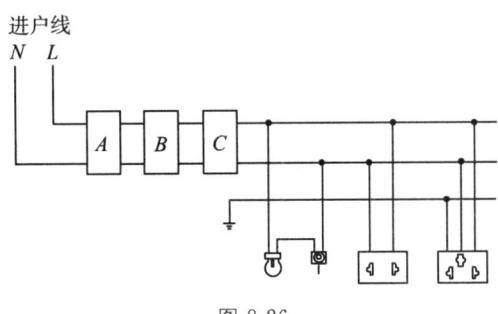

图 8-26

项目九 分析三相正弦交流电路

任务一 认识三相正弦交流电源

1 认识三相交流电源

一、填空题

1. 三相对称电动势是指_____相等,_____相同,_____互差120°的三个交流电动势。
2. 三相对称电动势的代数和以及相量和为_____。
3. 对称三相电动势 $e_U = 311\sin(314t + 30°)$ V,那么其余两相电动势分别为 $e_V = $ _____ V, $e_W = $ _____ V。
4. 三个电动势到达最大值的先后次序称为_____,$U-V-W$ 为_____,$U-W-V$ 为_____,$V-W-U$ 为_____,$W-U-V$ 为_____。

二、单选题

1. 对于对称的三相交流电动势,下列说法正确的是( )
   A. 它们的最大值不同
   B. 它们同时到达最大值
   C. 它们的周期不同
   D. 它们到达最大值的时间依次落后1/3周期

2. 在三相对称电动势中,若 e_V 的有效值为 100 V,初相位为零,则 e_U、e_W 可分别表示为( )
   A. $e_U = 100\sin\omega t$ $e_W = 100\sin\omega t$
   B. $e_U = 100\sin(\omega t + 120°)$ $e_W = 100\sin(\omega t - 120°)$
   C. $e_U = 141\sin(\omega t - 120°)$ $e_W = 141\sin(\omega t + 120°)$
   D. $e_U = 141\sin(\omega t + 120°)$ $e_W = 141\sin(\omega t + 120°)$

3. 对称三相交流电动势,下列说法正确的是( )
   A. 三个电动势之间的相位互差 $2\pi/3$ B. 三个电动势之间的周期互差 $2T/3$
   C. 三个电动势之间的频率互差 $2f/3$ D. 三个电动势的幅值是不同的

4. 已知在对称三相电压中,U 相电压为 $u_U = 220\sqrt{2}\sin(314t + \pi)$,按正相序,则 V 相和 W 相电压为( )
   A. $u_V = 220\sqrt{2}\sin(314t + \pi/3)$ $u_W = 220\sqrt{2}\sin(314t - \pi/3)$
   B. $u_V = 220\sqrt{2}\sin(314t - \pi/3)$ $u_W = 220\sqrt{2}\sin(314t + \pi/3)$
   C. $u_V = 220\sqrt{2}\sin(314t + 2\pi/3)$ $u_W = 220\sqrt{2}\sin(314t - 2\pi/3)$
   D. $u_V = 220\sqrt{2}\sin(314t - 2\pi/3)$ $u_W = 220\sqrt{2}\sin(314t + 2\pi/3)$

5. 三相交流电相序 $V-W-U$ 属于( )
   A. 正相序   B. 负相序   C. 零相序   D. 反相序

三、简答作图题

若三相对称电动势 V 相的瞬时值 $e_V=220\sqrt{2}\sin(\omega t-30°)$ V，按正相序，写出其余两相的瞬时值表达式，画出它们的相量图，并通过相量图求：$e=e_U+e_V+e_W$。

2　认识三相四线制电源

一、填空题

1. 把三相电源绕组的末端 U_2、V_2、W_2 连接在一起，形成一个公共点 N，此点叫作_____，然后由中性点及绕组的首端 U_1、V_1、W_1 分别向外引出连接线，这种连接方式称为三相电源绕组的_____，也称_____，用符号"Y"表示。

2. 三相对称电源作 Y 形连接时，有 4 根输电线，称为_____供电系统，其中_____根相线、_____根中性线。_____线与_____线之间的电压称为线电压，通常用_____表示线电压的有效值。_____线与_____线之间的电压称为相电压，通常用_____表示相电压的有效值。线电压的大小是相电压_____倍，相位上线电压_____对应相电压_____。

3. 三相四线制供电系统可以提供_____种大小不同的电压，即相电压和线电压，其中相电压是指_____之间的电压，线电压是指_____之间的电压，且 $U_L=$_____U_P。

4. 三相交流电源作星形连接，已知 $u_U=220\sqrt{2}\sin100\pi t$ V，则 $u_V=$_____，$u_W=$_____，$u_{UV}=$_____，$u_{VW}=$_____，$u_{WU}=$_____。

二、判断题

1. 一个三相四线制供电线路中，若相电压为 220 V，则线电压为 311 V。（　　）
2. 两根相线之间的电压叫相电压。（　　）
3. 三相交流电源是由频率、有效值、相位都相同的三个单相交流电源按一定方式组合起来的。（　　）

三、单选题

1. 一个三相交流发电机，每个绕组两端的电压是 220 V，如果三个绕组采用星形连接，对于输出电压，下列说法正确的是（　　）
   A. $U_L=220$ V，$U_p=380$ V　　　　B. $U_L=380$ V，$U_p=220$ V
   C. $U_L=U_p=380$ V　　　　　　　D. $U_L=U_p=220$ V

2. 某三相交流电路，采用星形连接的三相四线制供电，交流电频率为 50 Hz，线电压为 380 V，则（　　）
   A. 相电压为线电压的 $\sqrt{3}$ 倍　　　　B. 线电压的最大值为 380 V
   C. 相电压的瞬时值为 220 V　　　　D. 交流电的周期为 0.02 s

3. 某三相四线制电源相电压为 380 V,则其线电压的最大值为(　　)
   A. $380\sqrt{2}$ V　　　B. $380\sqrt{3}$ V　　　C. $380\sqrt{6}$ V　　　D. $380\sqrt{2}/\sqrt{3}$ V

4. 已知某三相发电机绕组连接成星形,相电压 $u_U = 220\sqrt{2}\sin(314t+30°)$ V,$u_V = 220\sqrt{2}\sin(314t-90°)$ V,$u_W = 220\sqrt{2}\sin(314t+150°)$ V,则当 $t = 10$ s 时,它们之和为(　　)
   A. 380 V　　　B. 0 V　　　C. $380\sqrt{2}$ V　　　D. $380\sqrt{3}$ V

5. 如图 9-1 所示三相四线制电源中,用电压表测量电源线的电压以确定零线,测得结果为电压 $U_{12} = 380$ V,$U_{23} = 220$ V,则(　　)

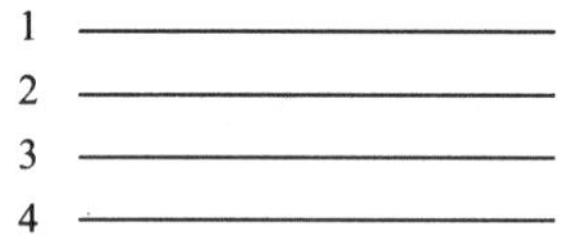

   图 9-1

   A. 1 号线为零线　　　　　　　　　　B. 2 号线为零线
   C. 3 号线为零线　　　　　　　　　　D. 4 号线为零线

6. 三相对称电源绕组星形连接时,线电压在相位上比相电压(　　)
   A. 超前 30°　　　B. 滞后 30°　　　C. 超前 45°　　　D. 滞后 90°

四、简答作图题

在三相四线制供电系统中,已知 $u_U = 220\sqrt{2}\sin(314t-30°)$ V,写出 u_V、u_W、u_{UV}、u_{VW}、u_{WU} 的表达式。并画出所有相电压和线电压相量图。

任务二　分析三相负载的连接

1　分析三相对称负载星形连接

一、填空题

1. 三相对称负载是指各相负载_____相等且_____相同的三相负载。三相负载也有两种连接方式,即_____(Y)和_____(△)。

2. 三相负载分别接在三相电源的_____之间的接法,称为三相负载的星形连接,此时负载两端的电压等于_____。

3. 通过每相负载的电流称为_____,其有效值用_____表示;_____称为线电流,其有效值用_____表示。

4. 三相负载星形连接时相电流_____线电流,即 I_{YP}_____I_{YL};如果三相负载对称,此时中性线电流等于_____,中性线可以_____,不影响负载正常工作。

5. 三相对称电源线电压 $U_L = 380$ V,对称负载每相阻抗 $|Z| = 10$ Ω,接成星形,则电流 $I_P =$_____A,$I_L =$_____A。

6. 如图 9-2 所示电路。若电压表 V_2 的读数为 220 V,则电压表 V_1 的读数为_____,若电流表 A_2 的读数为 10 A,则电流表 A_1 的读数为_____,电流表 A_3 的读数为_____。

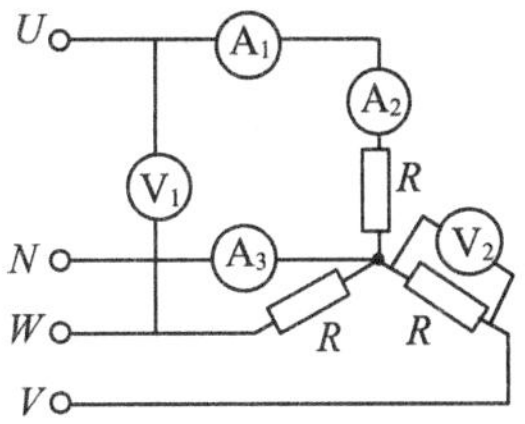

图 9-2

二、单选题

1. 电路如图 9-3 所示,已知三相负载对称,电压表 V_2 的读数为 660 V,则电压表 V_1 的读数为( )

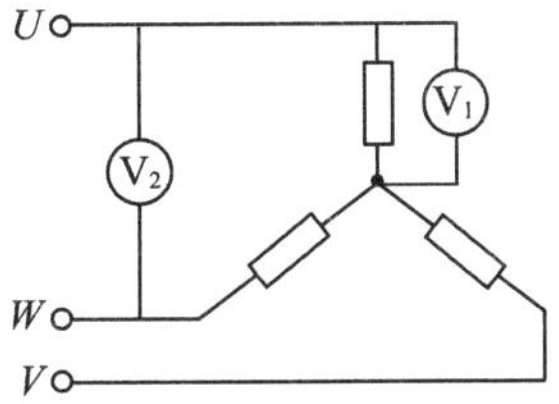

图 9-3

 A. $220\sqrt{3}$ V   B. $220\sqrt{2}$ V   C. $330\sqrt{2}$ V   D. $660\sqrt{3}$ V

2. 某三相负载,每相均为 R-L 串联电路,且阻抗值均为 10 Ω,则三相负载( )
 A. 一定是三相对称负载   B. 一定不是三相对称负载
 C. 不一定是三相对称负载   D. 一定是三相不对称负载

3. 下面三相负载中,是三相对称负载的为( )
 A. $U_相$:$R=10$ Ω,$V_相$:$X_L=10$ Ω,$W_相$:$X_C=10$ Ω
 B. $U_相$:$R=10$ Ω,$V_相$:$X_L=9$ Ω,$W_相$:$X_C=8$ Ω
 C. $U_相$:$R=10$ Ω,$V_相$:$X_L=7$ Ω,$W_相$:$X_C=10$ Ω
 D. 都不是

4. 三相负载对称,是指每相负载的( )
 A. 电阻相等,感抗相等   B. 感抗相等,容抗相等
 C. 感抗相等或容抗相等   D. 阻抗相等,性质相同

5. 某三相对称负载作星形连接,接在线电压为 380 V 的三相电源上,若每相负载的阻抗为 100 Ω,则相电流为( )
 A. 3.8 A   B. 2.2 A   C. $3.8\sqrt{3}$ A   D. $2.2\sqrt{3}$ A

6. 对称三相负载每相阻抗为 22 Ω,作星形连接在线电压为 380 V 的对称三相电源上,下列说法不正确的是( )
 A. 负载相电压 U_P 为 220 V   B. 负载相电流 I_P 为 10 A
 C. 负载线电压 U_L 为 380 V   D. 线电流 I_L 为 $10\sqrt{3}$ A

7. 下列说法错误的是( )
 A. 当负载作星形连接时,必须有中性线
 B. 当三相负载越接近对称时,中性线的电流越小
 C. 负载作星形连接时,线电流必等于相电流
 D. 负载作星形连接时,$U_L=\sqrt{3}U_P$

8. 在对称的三相四线制供电线路上,Y 形连接着三个相同的灯泡,三个灯泡都正常发光。如果中性线断开,那么( )
 A. 三个灯泡都将变暗

B. 三个灯泡都将因过亮而烧毁

C. 三个灯泡仍能正常发光

D. 三个灯泡立即熄灭

三、计算题

1. 星形连接的三相对称负载,每相负载的电阻为 24 Ω,感抗为 32 Ω,接到线电压为 380 V 的三相电源上。求相电流、线电流和中性线电流。

2. 在线电压为 380 V 的对称三相电路中,每相接 220 V/60 W 的灯泡 20 只,画出连接电路图,并求相电流、线电流和中性线电流。

2　分析三相不对称负载星形连接

一、填空题

1. 不对称负载星形连接的三相电路,必须采用_____供电。

2. 中性线的作用是_____。在三相四线制供电系统中规定:在中性线上不允许安装_____和_____,而且中性线常用_____加强机械强度。

二、单选题

1. 三相电源和负载均采用星形连接,电源的相电压为 220 V,各相负载相同,阻抗都是 110 Ω,下列叙述正确的是(　　)

　A. 加在负载上的电压为 380 V　　　　B. 电路中的线电流为 3.8 A

　C. 通过各相负载的相电流为 2 A　　　D. 电路中的中性线电流为 2 A

2. 三相四线制供电系统中,中性线的作用是(　　)

　A. 使不对称负载得到对称的相电压　　B. 使对称负载得到不对称的相电流

　C. 使不对称负载得到对称的相电流　　D. 使对称负载得到不对称的相电压

3. 三相四线制供电线路的中性线上不准安装开关和熔断器的原因是(　　)

　A. 中性线上无电流,不需要熔断器保护

　B. 开关接通或断开时对电路无影响

　C. 安装开关和熔断器使中性线的机械强度降低

　D. 开关断开或熔体熔断后,三相不对称负载将承受三相不对称电压,无法正常工作

4. 对称三相负载作星形连接,由对称三相交流电源供电,如图 9-4 所示,若 $V_{相}$ 断开,则电流表和电压表的示数将(　　)

　A. 电流表示数变小,电压表示数不变　　B. 电流表示数不变,电压表示数变大

　C. 电流表、电压表示数都变小　　　　　D. 电流表、电压表示数都不变

5. 如图 9-5 所示,三相负载按星形连接,每相接一个 220 V、60 W 灯泡,若图中 S_1 断开,S_2、S_3 闭合,则出现的情况是(   )

   A. 灯 1 比灯 2、灯 3 都亮　　　　　　　　B. 灯 1 不亮,灯 2 比灯 3 亮

   C. 灯 1 不亮,灯 2、灯 3 亮度一样　　　　D. 灯 3 比灯 1、灯 2 都亮

6. 如图 9-6 所示对称三相四线制供电线路上,接三个相同的白炽灯,三个白炽灯都正常发光,如果中性线断开后又有一相断路,那么未断路的其他两相中的白炽灯将(   )

   A. 都变暗　　　　　　　　　　　　　　　B. 都熄灭

   C. 仍能正常发光　　　　　　　　　　　　D. 都将因过亮而烧毁

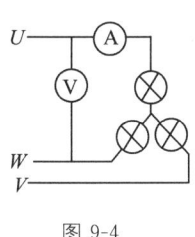
图 9-4

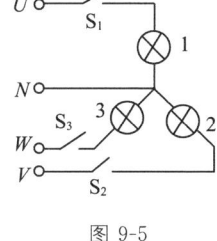
图 9-5

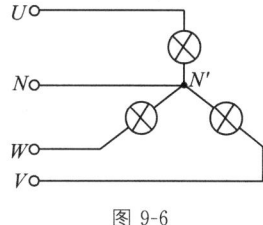
图 9-6

三、计算题

1. 如图 9-7 所示三相电路,负载电阻 $R=50\ \Omega$,对称三相电源的线电压为 380 V,试分别按下列各种情况求各相电流以及中性线电流。(1)电路工作正常;(2)中性线断开;(3)中性线和 U 相负载均断开;(4)接通中性线,但 U 相负载仍断开。

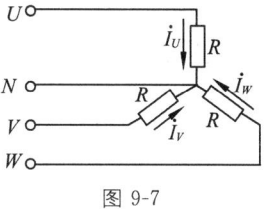
图 9-7

2. 某星形连接带中性线的三相负载,已知各相电阻分别为 $R_U=11\ \Omega,R_V=R_W=22\ \Omega$,电源线电压 $U_L=380$ V,试分别就以下三种情况求各相电流及中性线电流。(1)电路正常工作时;(2)U 相负载断开;(3)U 相负载断开,中性线也断开。

3. 如图 9-8 所示电路中,三相负载均为"220 V、100 W"的白炽灯,三相电源的线电压为 380 V。求:(1)开关 S_1、S_2 均闭合时,各相电流和中性线电流;(2)开关 S_1 闭合、S_2 断开时,各相电流和中性线电流;(3)开关 S_1、S_2 均断开时,各灯泡的电流和电压。

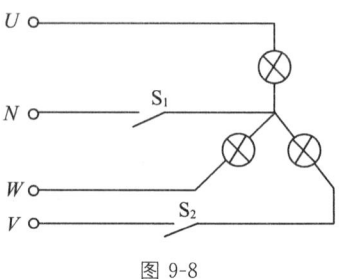

图 9-8

3　分析三相对称负载三角形连接

一、填空题

1. 三相负载分别接在三相电源的_____之间的接法,称为三相负载的三角形连接。此时负载两端的电压等于_____。

2. 判断图 9-9 所示各负载的连接方式。

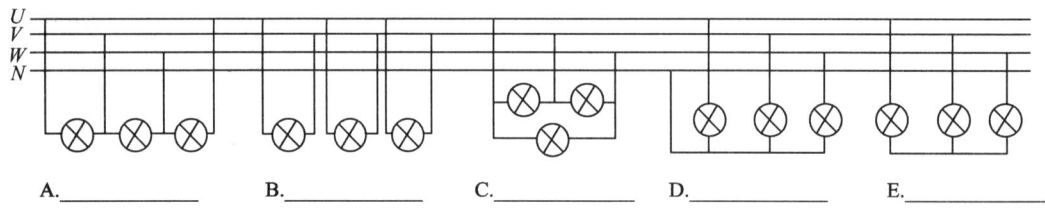

A._____ B._____ C._____ D._____ E._____

图 9-9

3. 三相对称负载三角形连接时,三个相电流和三个线电流均是_____,各线电流等于各相电流的_____倍,即 $I_{\triangle L} =$ _____ $I_{\triangle P}$;各线电流在相位上比对应的相电流_____。

4. 如图 9-10 所示为三相对称负载电路,若电流表 A 的示数为 17.3 A,电压表 V 的示数为 380 V,则电流表 A_1 的示数为_____,电压表 V_1 的示数为_____。

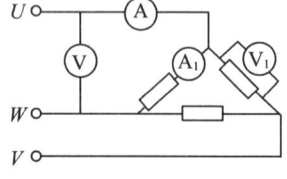

图 9-10

二、单选题

1. 如图 9-11 所示,三相电源线电压为 380 V,$R_1=R_2=R_3=10$ Ω,则电压表和电流表的读数分别为( )

    A. 220 V、22 A
    B. 380 V、38 A
    C. 380 V、$38\sqrt{3}$ A
    D. 220 V、38 A

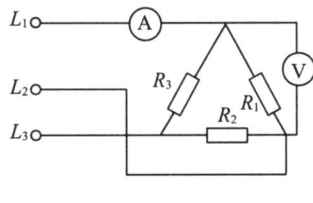

图 9-11

2. 某三相对称负载作三角形连接,接在线电压为 380 V 的三相电源上,若每相负载的阻抗为 100 Ω,则相电流为( )

    A. 3.8 A B. 2.2 A C. $3.8\sqrt{3}$ A D. $2.2\sqrt{3}$ A

3. 三相对称交流电路,电源采用星形连接,负载采用三角形连接,电源的相电压为 220 V,每相负载的阻抗均为 110 Ω。下列叙述正确的是( )

    A. 加在每相负载上的电压均为 220 V
    B. 电路中的线电流为 2 A
    C. 通过各相负载的相电流为 $\frac{38}{11}$ A
    D. 电路中的线电流为 $\frac{38}{11}$ A

4. 在同一电源电压作用下,三相负载由 Y 形改为△形连接时,其线电流的关系是( )

    A. $I_Y=I_\triangle$ B. $I_\triangle=\sqrt{2}I_Y$ C. $I_\triangle=\sqrt{3}I_Y$ D. $I_\triangle=3I_Y$

5. 某三相负载的额定电压是 380 V,电源线电压为 380 V,要使负载正常工作,则负载应作( )

    A. 三角形连接
    B. 星形连接
    C. 三角形或星形连接均可以
    D. 由负载性质决定

6. 三相电源星形连接,三相负载对称,下列说法正确的是( )

    A. 三相负载三角形连接时,每相负载的电压等于电源线电压
    B. 三相负载三角形连接时,每相负载的电流等于电源线电流
    C. 三相负载星形连接时,每相负载的电压等于电源线电压
    D. 三相负载星形连接时,每相负载的电流等于电源线电流的 $1/\sqrt{3}$

三、简答作图题

1. 如图 9-12 所示,现有三只功率不同的灯泡,其额定电压均为 220 V,电源的线电压为 380 V。请将灯泡对称地接到三相四线制供电电路中。

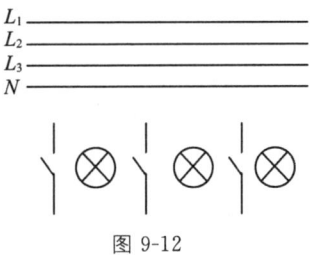

图 9-12

2. 如图 9-13 所示,发电机绕组相电压为 220 V,每盏白炽灯的额定电压都是 220 V。请指出本接线原理图中的错误。

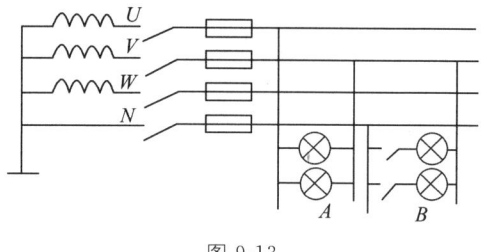

图 9-13

3. 如图 9-14 所示三相对称交流电路,$R_U = R_V = R_W$,若 W 相电源从 P 点处断开。请分析图中各电流表和电压表的读数怎样变化?

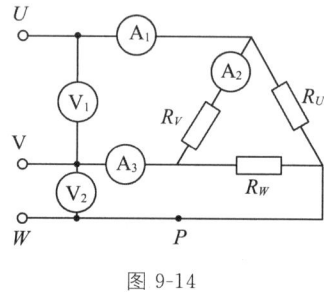

图 9-14

四、计算题

1. 三相对称负载,每相负载的 $R = 30\ \Omega$,$X_L = 40\ \Omega$,作三角形连接,接入三相对称电源,电源线电压为 380 V。求负载的相电流和线电流。

2. 三相对称负载,每相负载的电阻为 60 Ω,感抗为 80 Ω,接到线电压为 380 V 的三相电源上。求:(1)负载星形连接时的相电压、相电流和线电流;(2)负载三角形连接时的相电压、相电流和线电流;(3)总结它们之间的关系。

3.由两组三相对称负载,一组星形连接,每相电阻 $R=10\ \Omega$,另一组三角形连接,每相电阻为 $30\ \Omega$,共同接于 380 V/220 V 的三相供电线路上。试求各组负载的线电流和供电干线上的电流。

任务三　分析三相交流电路的功率

一、填空题

1.同一对称三相负载分别以星形和三角形连接到同一个三相电源上:线电压的关系为 _____;相电压的关系为 _____;线电流的关系为 _____;相电流的关系为 _____;总有功功率的关系为 _____。

2.三相用电器铭牌上写有 220 V/380 V——△/Y,就是指此用电器可在 220 V 线电压下接成 _____,也可以在 380 V 线电压下接成 _____,两种接法都保证每相负载承受 _____ V 的电压,其有功功率 _____。

3.三相负载究竟采用何种连接方式,要根据 _____ 而定,必须使每相负载所承受的电压等于其额定电压,才能保证负载正常工作。对电源线电压为 380 V 的三相电源来说,当负载的额定电压是 220 V 时,负载应接成 _____;当负载的额定电压是 380 V 时,负载应接成 _____。

二、单选题

1.在同一电源电压作用下,三相负载由 Y 形改为△形连接时,其相电流的关系是(　　)
　A. $I_Y=I_\triangle$　　　　B. $I_\triangle=\sqrt{2}I_Y$　　　　C. $I_\triangle=\sqrt{3}I_Y$　　　　D. $I_\triangle=3I_Y$

2.同一对称三相负载分别以星形和三角形连接到同一个三相电源上,则(　　)
　A. 线电压相同　　　B. 相电压相同　　　C. 线电流相同　　　D. 相电流相同

3.三相对称负载分别以星形和三角形接在同一对称三相电源上,作三角形连接时的总有功功率是作星形连接时的(　　)
　A. $\sqrt{3}$ 倍　　　　B. 3 倍　　　　C. $\dfrac{1}{3}$ 倍　　　　D. $\dfrac{1}{\sqrt{3}}$ 倍

三、计算题

1.对称三相交流电路,电源线电压为 380 V,每相负载中 $R=16\ \Omega$, $X_L=12\ \Omega$,Y 连接。求相电压、线电流及三相总有功功率。

2. 对称三相负载作三角形连接,各相电阻 $R=80\ \Omega$,感抗 $X_L=60\ \Omega$,将它们接到线电压为 380 V 的对称电源上。求相电流、线电流和负载的总有功功率。

3. 三相对称负载,每相负载的 $R=30\ \Omega,X_L=40\ \Omega$,作星形连接,接入三相对称电源,电源线电压为 380 V。求:(1)负载的相电流和线电流;(2)三相负载的总有功功率、无功功率和视在功率。

4. 今有一台三相电炉(对称负载),每相的电阻 $R=10\ \Omega$,接到线电压为 380 V 的对称三相电源上。求:(1)当电炉接成星形时,从电网取用多少有功功率?(2)当电炉接成三角形时,从电网取用多少有功功率?

5. 某三相对称负载,按星形连接到线电压为 380 V 的对称电源上,从电源获得的总功率 $P=5.28$ kW,功率因数 $\cos\varphi=0.8$。求负载的相电流、相电压、电源的线电流。

6. 一台电动机的定子绕组作三角形连接,接在线电压为 380 V 的三相电源上,功率因数为 0.8,消耗的功率为 10 kW,电源频率为 50 Hz。求:(1)每相定子绕组中的电流;(2)每相定子绕组的等效电阻和等效电感;(3)电动机的无功功率 Q。

任务四　了解安全用电的基础知识

一、填空题

1. 频率为_____的电流最危险,通过人体的工频电流超过_____就有生命危险,_____以下的电压为安全电压。
2. 触电的种类主要有_____和_____。触电的形式可分为_____、_____和_____。
3. 为防止发生触电事故,应注意开关一定要接在_____上,此外,电气设备还常用两种防护措施,它们是_____和_____。
4. 若发现有人触电,首先要尽快使触电者_____,然后根据情况进行相应的救护,触电急救方法有_____和_____。
5. 图 9-15 所示为单相三孔插座示意图,若用在有地线的系统中,其中孔 1 接_____,孔 2 接_____,孔 3 接_____。
6. 图 9-16 所示为单相三脚插头示意图,标 L 的插脚应接_____,标 N 的插脚应接_____,标 ⏚ 符号的插脚应接_____。

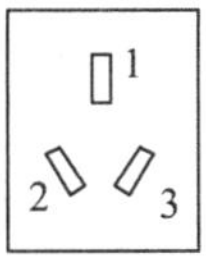

图 9-15 　　　图 9-16

二、单选题

1. 在三相四线制低压供电系统中,为了防止触电事故,对电气设备一般采用(　　)
   A. 保护接地　　　　　　　　　　B. 保护接地或保护接零
   C. 保护接零　　　　　　　　　　D. 相线和中性线上均加熔断器进行保护
2. 发生电气火灾时,带电灭火严禁使用(　　)
   A. 四氯化碳灭火器　　　　　　　B. 二氧化碳灭火器
   C. 酸碱泡沫灭火器　　　　　　　D. 干粉灭火器

3.关于保护接地和保护接零说法错误的是(　　)
　　A.保护接零适用于三相四线制中性点接地系统中的电气设备
　　B.同一供电电路上不允许部分设备保护接地、部分设备保护接零
　　C.保护接地就是将设备金属外壳和中性线一起接入埋在地下的接地装置
　　D.保护接地适用于三相三线制中性点不接地系统中的电气设备
4.家用电器由于外壳漏电引起的触电事故属于(　　)
　　A.单相触电　　　　B.两相触电　　　　C.短路触电　　　　D.跨步电压触电
5.高压输电线落在地面上时,人不能走近,其原因是(　　)
　　A.会把人吸过去　　　　　　　　　　B.会把人弹开
　　C.输电线和人体之间会发生放电现象　　D.输电线周围存在跨步电压

三、简答题

1.人体触电的形式有哪些?电流对人体的危害程度与哪些因素有关?

2.何谓保护接地和保护接零?各适用于什么场合?

3.如图 9-17 所示,电路中采取了"保护接零"措施,请指出图中错误。

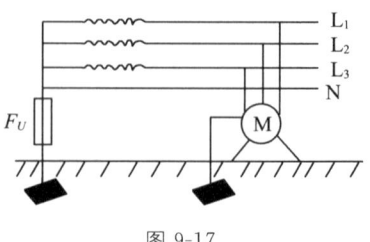

图 9-17

4.引起电气火灾的主要原因是什么?如何防范电气火灾的发生?